U0348936

农田土壤有机碳调控与作物产能提升

——以黄河下游地区为例

李 静 公华锐 欧阳竹 著

中国农业科学技术出版社

图书在版编目（CIP）数据

农田土壤有机碳调控与作物产能提升：以黄河下游地区为例 / 李静，公华锐，欧阳竹著. --北京：中国农业科学技术出版社，2023.10
ISBN 978-7-5116-6466-2

Ⅰ.①农… Ⅱ.①李… ②公… ③欧… Ⅲ.①黄河－下游－农田－土壤有机质－有机碳－研究 Ⅳ.①S153.6

中国国家版本馆CIP数据核字（2023）第 187082 号

责任编辑　周伟平　崔改泵
责任校对　李向荣
责任印制　姜义伟　王思文

出 版 者　中国农业科学技术出版社
　　　　　北京市中关村南大街 12 号　　邮编：100081
电　　话　（010）82106638（编辑室）　　（010）82106624（发行部）
　　　　　（010）82109709（读者服务部）
网　　址　https:// castp.caas.cn
经 销 者　各地新华书店
印 刷 者　北京建宏印刷有限公司
开　　本　170 mm×240 mm　1/16
印　　张　12.5
字　　数　252 千字
版　　次　2023 年 10 月第 1 版　　2023 年 10 月第 1 次印刷
定　　价　80.00 元

◄◄◄━ 版权所有·侵权必究 ━►►►

千百年来，黄河作为承载着中华民族灿烂历史的母亲河，早已成为中华文明的象征。黄河流域是我国重要的农牧业生产基地，在国家发展和农业现代化建设全局中具有举足轻重的战略地位。然而，现代农业生产的高效化和机械化发展，以及化肥、农药的大规模使用，导致了土壤有机碳的流失和降解，进而影响了土壤肥力、农田生态平衡以及全球碳循环。黄河下游地区，作为我国重要的农业生产基地，其土壤有机碳问题已然成为制约农业可持续发展的重要因素。

土壤有机碳，作为土壤中的重要成分，承载着生态系统的稳定性和可持续发展的希望。我们怀着对黄河流域农田土壤的关切和责任，面对这一严峻挑战，共同撰写了这本专著，旨在深入探讨黄河下游农田土壤有机碳的演变过程及其调控途径，为提高农田土壤有机碳这一目标提供科学依据和可行性建议。本书从多个维度深入剖析黄河下游农田土壤有机碳问题。

在演变过程篇中，第1章回顾了黄河流域的自然特点以及农业发展历程，为读者提供一个农业背景认知。第2章到第4章，探讨黄河下游农田土壤有机碳的演变过程与驱动机制。通过充分的实地调查和大量的数据分析，系统地阐述近年来黄河下游土壤有机碳含量的变化趋势。随后重点剖析了土壤有机碳演变过程中的关键因素。农业管理、气候变化、土壤类型等多方面因素的综合影响，决定了土壤有机碳的积累与流失。

在调控途径篇中，第5章和第6章重点剖析土壤有机碳的调控途径与策略，深入探究合理施肥、地力培育等技术的改进。第7章和第8章，借鉴国内外的先进经验，探讨了滨海盐碱区地力快速提升技术与草粮轮作模式优化技术等，为黄河下游农业生产的可持续发展提供新思路和实际指导。

在模型模拟篇中，第9章着重探讨了未来黄河下游土壤有机碳的演化趋势。通过DayCent模型和DNDC模型，基于土壤有机碳的调控途径与策略，对引黄灌区土壤和滨海盐碱区土壤具体分析，探讨在不同管理模式、气候变化下的各类情景演变，为未来土壤有机碳管理模式提供科技支持。

在编写本书的过程中，我们面临了许多理论与技术问题。例如DayCent模型，在模拟过程无法运行玉米—小麦轮作数据，化肥类型在模型中表现不够充分等。在努力克服这些问题后，我们汇聚了不同领域学者的知识和智慧，力求为读者呈现一本既具有学术深度又具备实践指导价值的专业著作。

本专著聚焦黄河下游农田土壤有机碳的管理，可供生态学、土壤学和自然地理学等方面的科研人员及高等院校师生参考，将为黄河下游农田土壤有机碳的研究和调控提供有力的支持，助力实现我国农业的可持续发展和生态文明建设。

本专著的内容是基于开展的巨量样品采集、试验分析工作及数据模拟研究，因此特别感谢韩道瑞、雷善清、刘德尧、许素素、徐岩、夏博瑀、谢汉友为此做出的贡献。

著　者

2023年8月

目 录

☆ 演 变 过 程 篇 ☆

☆ 调控途径篇 ☆

☆ 模 型 模 拟 篇 ☆

演变过程篇

1 黄河下游自然要素禀赋及农业发展现状

　　黄河流域是我国重要的农牧业生产基地和能源基地，是我国重要的经济地带，在国家发展大局和社会主义现代化建设全局中具有举足轻重的战略地位。党的十八大以来，习近平总书记多次实地考察黄河流域生态保护和经济社会发展情况，多次强调黄河流域生态保护和高质量发展是重大国家战略，要共同抓好大保护，协同推进大治理，着力加强生态保护治理，保障黄河长治久安，促进全流域高质量发展，改善人民群众生活，保护传承弘扬黄河文化，让黄河成为造福人民的幸福河。

　　黄河下游从河南省郑州市桃花峪开始划分，至山东省东营市垦利区入海，河长786 km，流域面积2.3万km²；包括河南省洛阳市、焦作市、郑州市、新乡市、开封市与濮阳市，山东省菏泽市、济宁市、泰安市、聊城市、德州市、济南市、滨州市、淄博市与东营市；范围内经济总量在15万亿元左右，人口超过2.5亿，经济、农业产值在全流域9省区分别占比58.7%和49.5%，推动黄河下游农业高质量发展，对整个黄河流域乃至全国现代农业转型升级、产业革新以及格局重塑等高质量发展都具有举足轻重的作用。

1.1 黄河下游自然要素禀赋

1.1.1 气候特征

　　黄河下游地区位于华北平原腹地，属于大陆性季风气候，属暖温带半湿润地区，无霜期200~220 d，年平均气温12.0~13.5℃，太阳总辐射5 000~5 500 MJ/m²，日照时数2 630~2 650 h，大于0℃积温4 800~5 000℃。该地区冬季干燥寒冷，夏季高温多雨，气候和土地适合冬小麦、夏玉米一年两熟种植模式，是我国重要的冬小麦、夏玉米高产地区。

华北平原逐月平均气温呈单峰型分布，峰值出现在7月，1月、12月气温最低，年较差较大。1—4月、9月和12月的月平均气温升高趋势明显，其他月份气温升高趋势不显著。华北平原各月降水量分配极不均匀，平原区内年降水量的70%集中在6—8月，同期气温较高，是典型的雨热同季。华北平原日照年内分布呈双峰型，峰值出现在5月和8月，5月大于8月，7月受华北雨季影响，云量较多，日照时数明显减少，日照时数最小值出现在12月。在玉米—小麦的生长期内，10月上旬，日最高气温降至15.0~18.0℃。在11月底12月初，气温降至2.0~0.0℃，此时段≥0℃积温570~650℃。1—2月平均气温-3.0~-1.0℃，秋冬季节降水偏少。3月中下旬，日平均气温稳定到0℃以上。4—5月，气温回暖迅速。该时段灌区光照充足。3—5月，降水不足，只有全年的10%~15%。5月下旬和6月上旬，气温升高但降水不足，日最高温度>32℃，同时空气相对湿度<30%，风速>3 m/s，易于发生干热风气象灾害。

1.1.2 地形地貌特征

黄河下游地区地表起伏和缓，辽阔坦荡，水网密集，且有漫长的淤泥质海岸。海拔较低，大部分地区在海拔50 m以下，自西向东自然坡度较小，由山前的1/2 000逐渐下降到1/10 000。

地质基础为中生代以来，华北陆块的裂张而产生的裂谷，或称之为断陷盆地。盆地边缘为相应上升的断块山地，盆地内部由于断裂活动的作用，其基底被分割成不同规模的次一级隆起和坳陷构造，成为复式的断陷盆地。盆地内普遍由厚度1 000~3 500 m的新生代沉积物所覆盖。第四纪时期平原沉降仍在继续，黄河下游地区坳陷幅度较小。这种差异沉降运动的结果，导致研究区在华北平原上处于地势较高的水平。地貌结构表现层次分明，地貌类型多样化。地貌空间分布阶梯状平原边缘地带为不同岩性构成的中山和低山，到山前下降为丘陵台地，临近山前的多系冲洪积扇，然后逐渐过渡为湖洼低地，冲积平原和冲海积平原。平原微地貌岗、坡、洼突出。华北平原在三面环山和鲁中南山地的挟持下，呈簸箕状开阔的低地区，直接与浅海陆架衔接。多数水系受这种地势控制在向渤海、黄海汇集中频繁发生演变，平原微地貌发育，正负地形常呈带状分布，成为平原地貌的主体。淤泥质海岸迅速扩张，滨海河口三角洲和海湾组成的淤泥质海岸发育迅速，历史时期多沙河流黄河南北迁徙沉积的结果，促使渤海、黄海缓慢地退缩和平原的不断扩张，今日渤海湾西岸残存的四条贝壳堤，则是平原不同时期扩张的表征。

1.1.3　土壤特征

黄河下游地区耕作历史悠久，各类自然土壤已熟化为农业耕作土壤，其中以潮土为主，主要成土过程以富含碳酸盐的黄河冲积物为主，具有土层深厚、质地均匀，肥力较高，通透性好等特点，适宜农业生产。同时，地下水埋深较浅，土壤有机质含量较低。潮土土壤盐分化学组成以碳酸氢钠为主，呈碱性反应，pH值高达9.0，碱化度在5%～15%。矿质颗粒高度分散，土壤物理性质不良。土壤养分除钾元素外，其他元素含量较低。有机质含量一般低于5 g/kg。

在滨海地带或在低洼地、缓平坡地，由于地下水位较高、排水性较差和季风性气候等原因，土壤主要以盐化和碱化潮土为主，具有明显的盐化过程，表层具有盐积现象。每年春季、秋季土壤表层积盐，盐含量可达6 g/kg；夏季由于降水集中而土壤脱盐。其所在的华北平原地带性土壤为棕壤、黄潮土或褐色土。

受到气候、人类耕作及改造（人工土壤脱盐）等活动的影响，土壤中盐和碱含量较高，肥力较差，制约了当地农作物的健康生长和农业的高效生产。为了保证当地粮食生产和农民增产增收，需要对当地土壤的化学、物理及生物学特性与作物健康生长间的关系进行深入分析，找出调控的关键因子，针对性进行土壤改良的科研工作，切实改善土壤环境，提高土壤肥力，增强土壤生物功能的恢复，达到农田高产、稳产的要求。

1.1.4　水资源条件

黄河下游地区年降水量为500～900 mm，时空分布不均，黄河以南地区降水量为700～900 mm，基本上能满足一年两熟作物的需要。各地夏季7—9月降水可占全年50%～75%，且多暴雨。该地区年人均水资源量仅为456 m³，不足全国的1/6。由于该地区春季干旱少雨，蒸发强烈，大部分耕作区为"无灌溉则无农业"，引黄灌溉或抽取地下水灌溉是该地区主要粮食作物冬小麦稳产高产的重要保证。2000年华北平原地下水开采量为2.12×10^{10} m³。其中，浅层地下水开采量为178.4亿m³，占总开采量的84.2%。深层地下水开采量为33.6亿m³，占总开采量的15.8%。

引黄灌溉为研究区粮食不断增产做出了巨大贡献。1970年以来，黄河下游引黄灌区累计引黄水量2 949.52亿m³，年均引水84.27亿m³，年最大引黄水量139.74亿m³，年最小引黄水量40.53亿m³，变差系数0.24。但自20世纪90年代以来，受多种因素影响，引黄灌区的引黄水量逐年减少，90年代平均年引黄水量89.35亿m³，比80年代后期减少25.6%。具体由90年代初期的100.43亿m³减少到2003年的61.12亿m³和2004年的47.56亿m³。而且，河南和山东两省农业用水量分别由90年代初的25.53亿m³和68.58亿m³下降到近年来的13.84亿m³和33.13亿m³，下降达50%。受引黄水量减少的影响，引黄灌溉面积也开始逐步萎缩，特别是给引黄灌区内农民增产增收和国家的粮食安全带来了不稳定因素。

降雨年际变化较大，年相对变率达20%～30%，且年内分配不均。其中6—9月的降水量占全年降水量的70%左右，形成了冬春干旱、夏秋多雨、先旱后涝、旱涝交替的气候特点（图1-1）。多年平均来看，河南引黄灌区的6—8月降水量小于山东引黄灌区降水量，而其他几个月的降水量均比山东引黄灌区降水量大。冬小麦和夏玉米是华北平原重要的粮食作物，在冬小麦生长季平均降水量仅为150 mm，远远不能满足冬小麦的需水要求，而夏玉米生长季降水量则基本能满足夏玉米的需水要求。

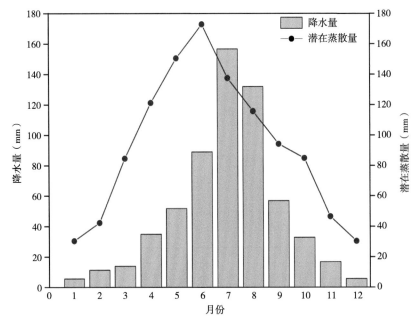

图1-1　黄河下游典型区月均降水量与潜在蒸散量

两季作物总耗水量多年平均为867 mm，而年均降水量为561 mm，降雨仅可满足65%的作物需水量。尽管每年引93×10^8 m³黄河水用于农业灌溉，仍有37×10^8 m³的水资源缺口，意味着需要大量开采地下水资源。

1.2 黄河下游农业发展现状

黄河下游从郑州市至东营市，流经河南、山东15个地市（图1-2）的49个县区。虽然黄河流域占河南（21.7%）、山东（16.9%）两省的面积不大，却是粮食生产的重要区域，山东4个粮食总产量超过45亿kg的地市全部属于沿黄地区。但黄河下游地区生态环境脆弱，土地盐碱化、次生盐碱化问题突出，泥沙淤积严重，800多公里悬河严重制约着黄河流域乃至全国的农业现代化进程，因此不宜再对其进行过度开发，特别是不宜采取依靠大量投入的粗放型农业发展方式，农业生产只能走集约化、可持续发展之路。当前农业生产除了面临水资源与土壤污染、地力下降等生态环境问题，还受到劳动力老龄化以及农业发展内生动力不足的制约，实现农业可持续内生发展对我国具有重要而深远的意义。

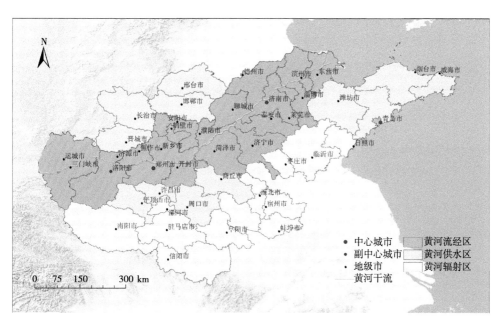

图1-2 黄河下游及其引黄灌区区位图

演变过程篇

1.2.1　区域农业发展

黄河下游地区致力于现代农业的发展，注重保护永久基本农田，加强粮食生产功能区和重要农产品生产保护区的建设与管理，并进行有效的田间管理，以确保粮食生产稳定丰收。以山东为例，2021年农林牧渔业总产值达到11 468.0亿元，较2012年增加了3 650.2亿元，增长了0.5倍；按可比价格计算，年均增长率为4.0%。有研究基于农业经济可持续发展能力、社会可持续发展能力、资源与环境可持续发展能力三个领域层，构建了黄河下游流域农业可持续发展指标体系，使用变异系数法、熵值法和因子分析法分别测算了黄河下游农业可持续发展指数，结果表明：黄河下游地区农业可持续发展水平整体呈逐年上升趋势，引黄灌区农业可持续发展水平最高且增长较快，但在黄河三角洲地区，受滨海盐渍土区的影响，农业可持续发展水平和增长速度均略低于引黄灌区。

黄河下游地区积极推进高标准农田的建设，加大了农田水利设施的建设和改造力度，提高了水资源利用效率和灌溉效率。通过推广先进的农业技术，促进农田科学管理和现代农业生产方式的应用，有效提高了农产品的产量和质量。此外，该地区还加强了种植结构调整和土地整理工作，提高了土地利用效率和农业生产效益。对农村基础设施的建设也予以重视，加大了对农村道路、供水、电力、通信等基础设施的投资力度，提高了农村居民的生活水平。同时，该地区积极发展家庭农场和农民合作社两类农业经营主体，引导农业向绿色、优质、特色和品牌化方向发展，提升了农业生态环境，也提高了农民的收入水平。

1.2.2　农业结构与功能演变

从1950年有统计资料以来，黄河下游地区种植制度总的变化趋势是：熟制增加，种植指数提高，复合型高效种植面积扩大。熟制经历了由一年一熟向两年三熟向一年两熟的变化。在20世纪60年代大规模引黄灌溉之前，以雨养农业为主，受制于降水条件，以一年一熟为主，主要为春播玉米、谷子、甘薯、大豆和棉花。在进行引黄灌溉之后，冬小麦面积扩大很快，开始出现冬小麦套种夏玉米、冬小麦—夏大豆等复种模式。但是受制于盐碱问题，粮食作物产量一直不高，平均亩产低于200 kg。耐盐碱的棉花种植面积较大，但是受制于夏秋

演变过程篇

阴雨,产量和品质年际波动性较大,且受棉铃虫等病虫害影响较为严重。在20世纪80年代旱涝碱综合治理后,农田质量得到大幅度提升。冬小麦夏玉米一年两熟面积逐渐成为主流。最近十几年来,冬小麦夏玉米一年两熟轮作模式成为黄河下游地区的主要种植模式,该轮作模式可以充分利用季风区雨热资源和灌区水资源,出现了很多高产农田、"吨粮田"。山东省德州市成为我国北方第一个全域周年产量实现吨粮的地级市。

黄河下游地区的冬小麦—夏玉米轮作,每年10月至翌年5月是冬小麦生长季,6月至9月是夏玉米生长季。10月上旬,夏玉米收获后,日最高气温降至15.0~18.0℃,适合冬小麦播种。在11月底12月初,气温降至2.0~0.0℃,小麦地上部停止生长,此时段≥0℃积温570~650℃,可以形成冬前壮苗。1—2月平均气温-3.0~-1.0℃,冬性和半冬性小麦品种可以完成春化并安全越冬。秋冬季节降水偏少,在播种小麦前要适当灌溉造墒。3月中下旬,在日平均气温稳定到0℃以上后冬小麦开始返青。4—5月,气温回暖迅速,冬小麦生长旺盛,拔节-抽穗-开花-灌浆主要生育时期都集中在这一时段。该时段灌区光照充足,非常利于小麦生长。3—5月,然而降水严重不足,只有全年的10%~15%,需要充足灌溉2次才能保证小麦高产。5月下旬和6月上旬,气温升高但降水不足,大气湿度偏低,易于发生干热风气象灾害。该地区冬小麦灌浆期干热风的基本特征是:日最高温度>32℃,同时空气相对湿度<30%,风速>3 m/s。在冬小麦生长后期,几乎每年都有干热风出现1~2 d,造成减产5%~15%。6月中下旬进行夏玉米播种,黄河下游地区年降水量的70%集中在6—8月,同期气温较高,是典型的雨热同季,比较适宜夏玉米生长。

1.2.3 土地利用类型变化

耕地是黄河下游地区最主要的用地类型,其面积占比分别是54.3%~60.7%,但从2000年到2020年其面积占比呈下降趋势,面积数量由2000年的19 198.3 km² 减少至2020年的17 349.0 km²;林地的面积先增加后减少,其面积占比由2000年的5.1%增长到2010年的5.4%,再到2020年其面积占比下降至4.8%。草地总体上呈现出逐步减少的态势,其面积占比从2000年的8.7%下降至2020年的5.3%。建设用地是研究区面积变化最为明显的一种土地利用类型,从2000年到2020年其占地面积大幅增加,面积占比由19.9%增长到29.1%;未利用土地面积占比最低,面积占比始终低于3%。

1.2.4 耕地质量演变

　　黄河下游地区在历史上由于黄河频繁的改道及洪水泛滥，加上海水倒灌和季风气候造成土壤盐渍化、地势平坦排水难等问题，使得该地区农业经常面临旱、涝、盐、碱等自然灾害。特别是20世纪50年代后期，过度开垦和盲目扩张的灌溉加速了土壤的退化和次生盐渍化。因此，到20世纪70年代末，土壤变得瘠薄，该区域农田土壤平均有机碳的含量已经降低到4.6～6.4 g C/kg，低于其他农业产区及中国农田的平均水平（9.6～11.3 g C/kg）。至20世纪80年代，该地区中低产田面积比例可达80%，农业产值低下无法满足人口激增对于粮食的需求，也制约了社会经济的发展。从20世纪70年代中期至90年代末期，国家为改善这一状况，开展了黄淮海中低产田综合治理项目，也称"黄淮海农业战役"，经过一系列工程手段和政策措施的支持，该区农业耕作环境得到显著改善。土壤盐渍化水平显著下降，排水灌溉能力的提高和化肥的大量投入使得作物产量不断提升，该区平均粮食产量从1978年的2 565 kg/hm^{2}增加到2010年的5 384 kg/hm^2。

　　土壤有机碳是土壤肥力的重要体现，对农田土壤肥力保持，环境稳定，作物产能乃至农业发展等起着至关重要的作用。前人对该地区农田土壤的研究主要集中在土壤有机质的动态变化及与作物产量的关系上。目前对于黄河下游农业政策和农田管理措施所产生的影响的研究主要集中在作物水分利用效率、提升土壤肥力、施肥管理策略和作物产出对气候变化的响应方面。通过长期监测和区域尺度调查，大量研究已经表明，过去40年来，黄河下游以及整个华北平原地区土壤有机碳呈现显著增加趋势，该区域分布最广的潮土土壤有机碳增加了30.5%，成为中国农田土壤有机碳增长最快的地区。经过综合治理，该区域土壤碳汇的功能已经开始显现。

参考文献

段文婷，陈有川，张洋华，等，2021. 黄河下游地区农村居民点数量变化的时空特征及其影响因素研究[J]. 城市发展研究，28（6）：19-24.

范成方，李玉，王志刚，2022. 粮食产业供给侧结构性改革的思考与对策——以山东省为例[J]. 农业经济问题（11）：42-56.

刘建华，黄亮朝，左其亭，2021. 黄河下游经济-人口-资源-环境和谐发展水平评估[J]. 资源科学，43（2）：412-422.

马玉凤，李双权，潘星慧，2015. 黄河冲积扇发育研究述评[J]. 地理学报，70（1）：49-62.

王澄海，杨金涛，杨凯，等，2022. 过去近60年黄河流域降水时空变化特征及未来30年变化趋势[J]. 干旱区研究，39（3）：708-722.

王仕琴，宋献方，肖国强，等，2009. 基于氢氧同位素的华北平原降水入渗过程[J]. 水科学进展，20（4）：495-501.

杨勤业，马欣，李志忠，等，2006. 黄河下游地区地壳稳定性评价[J]. 科学通报，51（s2）：140-147.

叶青超，1989. 华北平原地貌体系与环境演化趋势[J]. 地理研究，8（3）：10-20.

袁承程，张定祥，刘黎明，等，2021. 近10年中国耕地变化的区域特征及演变态势[J]. 农业工程学报，37（1）：267-278.

张金萍，秦耀辰，张丽君，等，2012. 黄河下游沿岸县域经济发展的空间分异[J]. 经济地理，32（3）：16-21.

An S，Zhang S L，Hou H P，et al.，2022. Coupling coordination analysis of the ecology and economy in the Yellow River Basin under the background of high-quality development[J]. Land，11：1235.

Cui Y，Zhang B，Huang H，et al.，2020. Identification of seasonal sub-regions of the drought in the North China Plain[J]. Water，12（12）：3447.

Lyu S X，Zhai Y Y，Zhang Y Q，et al.，2022. Baseflow signature behaviour of mountainous catchments around the North China Plain[J]. Journal of Hydrology，606：127450.

Wei X Q，Ye Y，Zhang Q，et al.，2019. Reconstruction of cropland change in North China Plain Area over the past 300 years[J]. Global and Planetary Change，176：60-70.

Zhang H，Wang X，You M，et al.，1999. Water-yield relations and water-use efficiency of winter wheat in the North China Plain[J]. Irrigation Science，19（1）：37-45.

演变过程篇

2 黄河下游农田土壤有机碳演变过程

　　黄河下游地区由于长期的传统耕作（可追溯至8 000年前）和恶劣的环境条件（如洪水、干旱和盐碱等），使得土壤有机碳低下成为该地区农田土壤的主要特征，也成为土壤肥力低、制约农业产量的主要原因。然而，提高黄河下游潮土土壤有机碳的有效途径困难重重。近来，有研究利用历史重采样、文献数据等途径，对全国土壤有机碳动态调查发现，潮土区在过去30多年间（1978—1982年至2007—2008年）成为我国土壤有机碳累积速率最高的地区，增加了30.5%，对于增加原因并没有进行进一步研究。土壤有机碳动态对于黄河下游乃至整个中国农业可持续发展和粮食安全都有至关重要的作用。为探究该地区农田土壤有机碳的动态变化，本章研究将汇总前人研究结果，并结合第二次土壤普查数据，通过对历史样点进行重采样，试图找出影响该地区农田土壤有机碳固持的主要驱动因素，为未来农业管理措施的优化，保证粮食安全及其区域生态服务功能提供重要参考。

2.1　农田土壤有机碳变化过程

　　本节中，我们对过去30年（1980—2010年）在黄河下游与下游引黄灌区关于农田土壤碳氮含量的历史文献，以及全国土壤第二次普查历史数据进行了汇总。明确30年来黄河下游以及下游灌区农田土壤有机碳含量的演变特征，并对前人的分析讨论进行汇总，提出了该地区农田土壤有机碳变化的主要驱动力。

2.1.1　土壤有机碳的演变特征

　　黄河下游地区土壤有机碳在1980—1990年处于较低水平（图2-1），平均为6.0 ± 0.58 g C/kg，且整体变动不大。从1990年开始，缓慢上升，到2000年左右（1995—2005年），有机碳水平稳定在8.5 ± 1.37 g C/kg。2006—2015年，有机碳水平达到9.5 ± 1.8 g C/kg，但年际间波动较大。

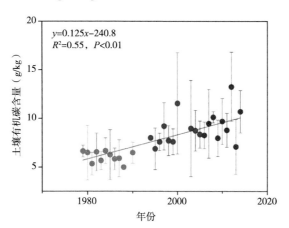

图2-1　1980—2010年黄河下游耕层土壤有机碳含量演变

注：绿色代表1978—1994年阶段；蓝色代表1995—2005年阶段；红色代表2006—2015年阶段

拟合结果来看，黄河下游地区过去从1978—2015年，耕层土壤平均有机碳变化速率为每年0.10 ~ 0.125 g C/kg。且前20年的变化速率要高于近10年的变化速率，即1980—2000年变化速率为0.125 g C/kg，2000—2010年有机碳固持速率为每年0.10 g C/kg。

与耕层土壤有机碳含量变化趋势相一致，过去30多年来，黄河下游农田耕层土壤全氮含量也呈现增加趋势（图2-2）。1980年土壤全氮含量总体处于

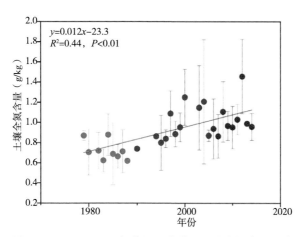

图2-2　1980—2010年黄河下游耕层土壤全氮含量演变

注：绿色代表1978—1989年阶段；蓝色代表1990—2005年阶段；红色代表2006—2015年阶段

偏低水平，平均为0.72 ± 0.09 g N/kg。而2000年左右，处于快速增加阶段，1995—2005年平均达到1.0 ± 0.17 g N/kg。之后10年时间（2005—2015年），土壤全氮变动不大，平均维持在1.02 ± 0.17 g N/kg水平，且波动较大。

从拟合结果来看，土壤全氮总体变化速率为每年0.012 g N/kg左右。同有机碳含量变化速率的趋势一致，在1980—2000年的前20年间，增加速率最快，达到每年0.014 g N/kg。2005—2015年这10年间，土壤全氮含量几乎保持不变，增加速率为每年0.002 g N/kg。

2.1.2　土壤有机碳演变的调控因素

本研究对关于黄河下游及其引黄灌区农田土壤有机碳、全氮动态研究的78篇文献，进行了汇总分析，结果表明，调控该地区农田土壤有机碳、全氮提升的因素主要归因于农田管理措施的提高（图2-3）。其中，秸秆还田、化肥的使用、有机肥的施用被广泛认为是黄河下游以及整个华北地区过去30年来土壤有机碳、全氮含量提升的三个主要驱动因素。而轮作制度，平衡施肥，还有一些比较宽泛的词语，如提高管理措施及农业集约化等也被多次提及，但是具体措施及具体措施带来的对土壤有机碳影响程度的量化并没有进行分析。

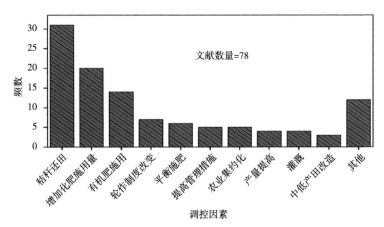

图2-3　过去30年黄河下游及其引黄灌区农田土壤有机碳、全氮演变的调控因素汇总分析

2.1.3　土壤有机碳演变与农业管理措施

汇总前人研究结果，我们发现过去30年间黄河下游及其引黄灌区地区农田土壤有机碳、全氮含量是稳步增加的，土壤有机质含量从1980年的6.0 g C/kg

增加到2010年的9.5 g C/kg，增加了58.0%。土壤全氮含量从1980年的0.72 g N/kg增加到2010年的1.02 g N/kg，增加幅度为41.7%。由于土壤碳氮是耦合发展、协同变化的，因此我们只对土壤有机碳的变化情况进行讨论（图2-4）。

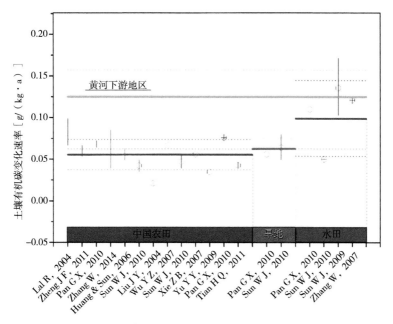

图2-4　1980—2010年黄河下游及其引黄灌区农田土壤有机碳变化速率与全国农田的变化速率进行比较

注：横坐标代表不同文献的数据；竖线代表有机碳变化速率的区间值；横线代表不同区域或者土地利用类型的土壤有机碳变化速率的平均值

土壤对碳的固持能力主要取决于特定管理-土壤-气候条件下，土壤有机碳所处的稳态水平。农田管理方式对土壤有机碳影响的程度高低还依赖于管理措施实施时间的长短和土壤碳饱和差的高低。历史上土壤类型以潮土为主的黄河下游地区，以土壤有机碳低下著称，有研究证明指出黄河下游地区1980年土壤有机碳含量为4.62 g C/kg，与本研究的结果6.0 g/kg相差不大，都属于低碳水平。比当时全国农田土壤有机碳平均水平9.6 g C/kg低很多，甚至可能是全国农田土壤有机碳含量水平最低的地区之一。然而，过去30年来，农业发展水平迅速提高，来自秸秆的有机碳投入量大幅提高，从1978年（439±31）g C/m²提高到2008年（1 090±169）g C/m²。同时机械化水平的提高，有利于秸秆粉碎并翻入土壤，提高了碳累积的效率。与全国其他地方研究结果相比，1980—2000年（已有文献研究大多集中于该时间段，因此我们针对这一时间段进行比较）黄河下游地区土壤有机碳累积速率为每年0.125 g C/kg，分别是同期中国农田碳固持速率每年0.056 g C/kg的2.23倍，是旱地每年0.062 g C/kg的2.0倍（图2-4）。虽然水田土壤有机碳累积效率被认为比旱地土壤高，但从以上结果看来，黄河下游旱作农田的土壤有机碳累积速率甚至比水田（每年0.099 g C/kg）要高。许多研究已经证明，土壤有机碳固持速率受外部有机碳输入的影响，但这种影响的程度，甚至正负效应在不同研究之间差异明显。前人将黄河下游地区农田土壤有机碳提升主要归结于秸秆还田等作物有机物质的投入（图2-3）。极低的初始有机碳含量，以及过去30年来由于产量提高带来作物残茬输入的大量增加，是黄河下游地区成为中国农田土壤碳固持效率热点区域的原因之一。

依据作物产量和农业政策措施的演变过程，将1978—2008年这30年分为6个阶段，土壤有机碳演变趋势和来自作物的有机碳投入变化趋势基本一致（图2-5）。同样的，也有研究通过汇总文献研究表明，有机碳投入和土壤有机碳含量呈现显著线性相关。自从1978年改革开放以来，化肥的增加和农业管理措施的不断提高（表2-1），使得过去30年黄河下游以及整个华北平原地区作物产量大幅提高。另外，随着政府对环境保护意识的加强和秸秆禁止焚烧法令的颁布，越来越多的作物秸秆得以还田，从而取代以前作为燃料和饲料等用途。有机碳投入的增加，提高了土壤营养供给能力，有利于作物生长。即使少

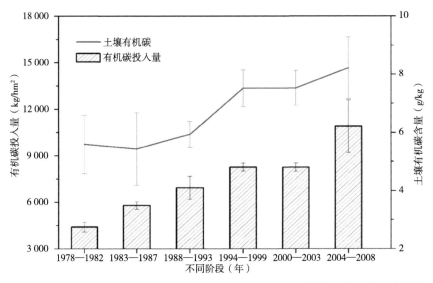

图2-5　不同时期来自作物有机碳投入量的动态变化以及土壤有机碳含量动态变化

量投入，秸秆等有机物质也能通过缓慢分解而作为长期营养元素的供应来源，反过来作物产量提高后会相应增加根际分泌物促进有机碳的累积。因此农业政策（如"三农"补贴，粮食价格保护等）和作物产量的增加使得大量有机碳留存于土壤中成为可能。

表2-1 不同时期农田管理措施演变

不同时期	化肥量 （kg/hm²）	灌溉率 （100%）	机械总功率 （10 000 kW）	籽粒产量 （kg/hm²）
1978—1982年	130.94（44.96）	0.55（0.05）	1 259.05（179.61）	2 495.21（301.52）
1983—1987年	211.34（43.75）	0.55（0.08）	1 982.01（397.21）	3 252.27（478.05）
1988—1993年	314.31（89.16）	0.59（0.06）	2 801.56（447.83）	3 723.33（626.46）
1994—1999年	489.20（91.55）	0.66（0.04）	4 706.71（1063.28）	4 420.18（594.82）
2000—2003年	580.14（103.75）	0.71（0.03）	7 169.05（777.27）	4 490.29（567.60）
2004—2008年	667.30（122.42）	0.73（0.05）	8 851.01（881.56）	5 279.16（611.67）

注：括号内代表标准误差

2.1.4 结论与展望

通过对已发表112篇关于黄河下游及其引黄灌区农田土壤有机碳文献的汇总分析，我们发现：过去30多年来黄河下游及其引黄灌区地区农田土壤有机碳从1980年的6.0 g C/kg，增加到9.5 g C/kg，增加幅度为58%。土壤全氮从1980年的0.72 g N/kg增加到1.02 g N/kg，增加幅度为41.7%。通过理论分析认为，该研究区农田土壤有机碳、氮的提高主要归结于秸秆还田等措施导致的有机碳投入的增加。

另外，已有研究不足之处有：（1）只关注县域尺度或者市域尺度的研究，且主要集中在土壤肥力的提高及对作物产量的影响。缺少整个区域尺度的研究，也缺少对区域土壤总氮含量动态研究的关注。（2）研究土层深度只达到耕层（0~20 cm），缺少对更深层土壤有机碳、氮动态的探讨。（3）对土壤有机碳动态调控因素的分析仅限于理论层面的推理分析，且仅局限于讨论管理措施等人为活动对土壤有机碳水平影响，缺少多种数据支持下的统计综合分析。

针对以上研究不足，为全面了解过去30年来黄河下游地区农田土壤有机碳的动态变化，及其对人为活动和环境因素的响应程度，为未来可持续农业下，优化农业碳管理策略提供支持。我们应进一步通过对黄河下游地区实地采样，将土壤深度加深至耕层以下，并结合管理措施和自然环境等因素，利用统计方法来深入全面探讨该区域有机碳调控和驱动因子。

2.2　农田土壤有机碳储量变化特征及其驱动机制

本节充分利用历史数据（1980年）以及区域重采样数据（2010年）来探讨30年来黄河下游地区农田土壤有机碳储量的动态变化，旨在探索该地区在1980—2010年农业快速发展时期耕层（0～20 cm）和深层（20～40 cm）有机碳的变化；并参照30年来我国农业发展演变进程，全面阐述了土壤有机碳变化的驱动和控制因子；最终讨论了未来黄河下游地区土壤有机碳累积的可持续性。

2.2.1　数据收集与重采样情况

我们选择了黄河下游及其引黄灌区地区有完整记录的10个典型代表县（市、区）（河北省南皮和栾城，山东省的禹城、莱阳、平邑和垦利，河南省的封丘、潢川、禹州和方城），来评估1980年到2010年研究区耕层（0～20 cm）和深层（20～40 cm）土壤有机碳储量的变化及其驱动因素。这10个县（市、区）农业发展，都曾遭受到不同程度的限制因素影响，制约了作物的产量。这些因素包括：频繁的洪水、土壤盐渍化和荒漠化等。并且，所选10个县（市、区）都有各自的长期试验站，用于研究土壤肥力对不同管理措施的响应趋势。这些长期试验的不同处理，如灌溉、秸秆还田以及土壤修复等措施对土壤肥力和作物产量的影响都可以推广到其所代表的区域尺度。

2.2.1.1　历史数据收集

为获取这10个县（市、区）历史时期农田土壤有机碳储量水平的信息，我们从各县（市、区）的土壤志中搜集数据。这些土壤志基于19世纪80年代初期土壤第二次普查的结果，由当地县（市、区）农业局下土壤肥料管理办公室汇编而成。土壤样品的采集、分析工作都是由各县（市、区）农业局下的土壤肥料管理站组织完成的，每个县（市、区）依据土壤类型采集了数千个样点不同深度的土壤样品。对于每个县（市、区），依据土壤类型和区域代表性，将所有观测值进行了统计汇总。土壤志中每个典型样点的记录数据代表了该土壤类型下所在取样点周围所有观测值的平均值。同时，这些土壤志中的数据还包含了详细的采样点土壤的物理化学特征的描述，以及其他相关信息，包括地理位置、土层厚度（cm）、植被类型、土地利用以及每层土壤有机质（g/kg）、土壤全氮（TN，g/kg）、全磷含量（TP，g/kg）、速效态养分含量（速效氮、速效磷、速效钾，mg/kg）、土壤容重（g/m³）、土壤砾石（%）含量、土壤质地（如土壤黏粒，粉粒和砂粒）等。最终，我们集成的数据库中总共包含了0～20 cm深度共2 566个观测值；20～40 cm深度共1 624个观测值。我们利用二次普查的数据来评估1980年土壤有机碳储量特征。

2.2.1.2 数据重采样

为估算过去30年来土壤有机碳的变化，本研究依托中国科学院"应对气候变化的碳收支认证及相关问题"战略性科技先导专项，于2009—2012年对这10个典型县进行了土壤重采样。重采样方案按照"碳专项"统一采样部署进行。具体对于每个典型县，我们基于土壤2次普查采样点的位置和1∶5万比例尺土壤类型图，选择了72个采样点，其中包括24个土壤剖面（根据土壤发生层，大部分深度>100 cm）和48个双层采样点（0～20 cm，20～40 cm）。这次采样点的选择是基于每个县的土壤类型以及从数字地图提取的土壤第二次普查的采样点位置。采样过程中，采样点利用GPS定位并进行采样。对于每个采样点，采集完土壤容重，利用铁锹采集每层土壤。同一采样点进行三次重复，然后对同一深度土壤进行混合。采样时间从每年6月中旬（当季作物成熟时期开始），直到10月（下一季作物施肥之前结束）。

为提高与二次普查数据可比性，土壤有机碳的测量采用湿烧法，与第二次土壤普查土壤测定方法一致。简单来说：称取0.25 g过筛的土壤去除植物残茬。然后加入5 mL重铬酸钾和10 mL浓硫酸，在170～180℃下消煮30 min，之后用0.5 mol/L的Fe^{2+}进行滴定至反应终点，计算有机碳含量。然后利用系数1.1来校正不完全氧化的部分。土壤全氮的含量采用凯氏定氮法进行测量；土壤容重用环刀法进行测量；土壤质地利用虹吸法进行测量。本次采样总共获得708对表层（0～20 cm）和深层（20～40 cm）数据用于下一步分析。

2.2.1.3　土壤有机碳、氮储量的计算及插值

土壤有机碳储量（Mg C/hm²）计算方法如下：

$$SOC \text{ stock} = \frac{1}{10} \times \sum_{j=1}^{n}(SOC \times \rho) \times D_j$$

其中，j代表土层（例如，1，2，3，…，n）；SOC是土壤有机碳浓度（g C/kg）；ρ是通过土壤石砾含量校正过的土壤容重（g/cm³）；D_j是第j层土壤层厚度。土壤全氮储量采用相同方法计算。

为评价给定点土壤有机碳储量的变化，考虑到采样的密度和1980年土壤同质性，我们利用克立格插值（Kriging interpolation）的方法，对1980年的采样信息进行插值，并且根据2010年采样的地点，对插值结果进行提取，从而获得与2010年采样相对应的1980年的采样点的信息。具体来讲，首先利用Kolmogorov-Smirnov检验数据的正态性，然后通过半变异函数来探索空间数据的相关性；第二，通过三种半方差模型（高斯模型，指数模型和球形模型）来检验1980年土壤有机碳含量半方差与距离的关系。优化半变异函数，来获取模型模拟值与实测值最优的拟合度。然后基于交叉检验的结果来选择最优的理论半变异函数并检验模型。最终依据预测值与观测值差异最小化的原则，选择了指数模型。对每个县1980年采样数据插值，并输出到2 km×2 km的栅格内。之后我们通过比较2010年重采样值和1980年插值结果来计算土壤有机碳储量的变化。

2.2.2　土壤有机碳储量的变化特征

1980—2010年，对于黄河下游10个县（市、区），不同土壤深度的土壤有机碳和全氮含量都有明显的提高（$P<0.05$）（除了南皮县在深度20～40 cm）（表2-2）。耕层土（0～20 cm）的土壤有机碳在10个县（市、区）的总含量增加了3.43 g C/kg（1980年之后增加了63.8%）。深层土壤有机碳平均增加了1.46 g C/kg（37.7%）。其中，土壤全氮的含量伴随着土壤有机碳含量增加而增加，这种现象体现在每一个采样处（表2-2）。耕层土壤全氮含量从1980年到2010年增加了51.6%，平均增加了0.32 g N/kg。在所有的县（市、区）中，深层土壤全氮平均增长量为0.18 g N/kg（37.5%），而且土壤密度在两层中都有明显的提高（表2-2）。

表2-2 1980—2010年黄河下游及其引黄灌区地区典型县域耕层（0～20 cm）与深层（20～40 cm）土壤有机碳、全氮与容重

典型县（市、区）	有机碳（SOC, g/kg）				全氮（TN, g/kg）				容重（BD, g/cm³）			
	0～20 cm		20～40 cm		0～20 cm		20～40 cm		0～20 cm		20～40 cm	
	1980	2010	1980	2010	1980	2010	1980	2010	1980	2010	1980	2010
南皮	5.09 (0.38)	7.58 (2.3)	3.98 (1.15)	4.11 (1.34)	0.58 (0.05)	0.85 (0.24)	0.56 (0.14)	0.54 (0.14)	1.42 (0.03)	1.45 (0.1)	1.42 (0.07)	1.46 (0.13)
栾城	6.71 (0.94)	11.16 (2.61)	3.7 (0.71)	4.58 (1.33)	0.86 (0.06)	1.11 (0.27)	0.5 (0.08)	0.57 (0.14)	1.59 (0.04)	1.46 (0.16)	1.43 (0.04)	1.56 (0.15)
垦利	4.21 (0.8)	5.77 (2.26)	—	3.35 (1.65)	0.48 (0.08)	0.62 (0.23)	—	0.41 (0.16)	1.42 (0.02)	1.42 (0.07)	1.40 (0.07)	1.51 (0.09)
莱阳	4.43 (0.36)	7.78 (2.07)	3.71 (0.22)	5.11 (2.01)	0.5 (0.03)	0.85 (0.17)	0.42 (0.02)	0.62 (0.19)	1.35 (0.05)	1.59 (0.11)	1.47 (0.05)	1.61 (0.1)
平邑	5.19 (0.67)	7.88 (1.93)	4.39 (0.81)	5.42 (1.69)	0.55 (0.09)	0.93 (0.21)	0.45 (0.08)	0.7 (0.17)	1.48 (0.08)	1.58 (0.12)	1.49 (0.03)	1.61 (0.15)
禹城	4.91 (0.78)	9.44 (2.35)	—	5.08 (1.71)	0.63 (0.09)	1.02 (0.22)	—	0.62 (0.16)	1.42 (0.04)	1.43 (0.13)	1.40 (0.07)	1.55 (0.09)
方城	5.85 (0.56)	7.72 (1.9)	—	5.38 (2.07)	0.74 (0.06)	0.93 (0.22)	—	0.7 (0.17)	1.35 (0.07)	1.34 (0.14)	1.34 (0.09)	1.36 (0.13)
潢川	7.14 (1.18)	10.42 (4.07)	4.26 (0.97)	6.8 (3.47)	0.71 (0.07)	1.09 (0.27)	0.49 (0.11)	0.84 (0.27)	1.33 (0.04)	1.24 (0.19)	1.53 (0.10)	1.37 (0.19)
禹州	6.27 (0.96)	10.77 (2.67)	—	6.29 (2.69)	0.76 (0.13)	1.04 (0.19)	—	0.75 (0.18)	1.47 (0.09)	1.39 (0.15)	1.43 (0.06)	1.41 (0.14)
封丘	4.07 (1.08)	9.63 (3.32)	3.24 (0.52)	7.19 (2.53)	0.48 (0.11)	1 (0.46)	0.41 (0.07)	0.84 (0.42)	1.28 (0.04)	1.40 (0.15)	1.42 (0.14)	1.44 (0.13)
平均	5.38	8.81	3.87	5.33	0.62	0.94	0.48	0.66	1.41	1.43	1.43	1.49

注：括号内代表标准误差，加粗字体表示1980年和2010年两个时间段变量值差异不显著

演变过程篇

　　土壤有机碳与全氮储量同它们自身浓度的动态变化呈现出高度的一致性（图2-6）。在方城县，表层土的土壤有机碳储量增加了32%（从14.4±1.1 Mg C/hm²到19.1±4.8 Mg C/hm²），而在封丘县，土壤有机碳储量从9.3±2.8 Mg C/hm²增加到25.0±9.1 Mg C/hm²（图2-6），相比于过去的30年增加了169%。10个县的耕层土壤有机碳的储量共增加了9.4 Mg C/hm²（相比于1980年增加了72.5%）。深层土壤呈现出不同的土壤有机碳储量变化趋势。在南皮县，土壤有机碳的储量没有发生变化（$P>0.05$），最大的增长量发生在封丘县，增加了137%（从11.3±2.8 Mg C/hm²到19.3±7.3 Mg C/hm²）。因此，在深度为20～40 cm的土层，土壤有机碳储量平均增加了5.1 Mg C/hm²（56.0%）。表层土壤全氮储量平均增长了1.0 Mg C/hm²（83.4%），增速最慢为栾城县的0.4 Mg C/hm²，最高为禹州县的2.0 Mg C/hm²（图2-7）。

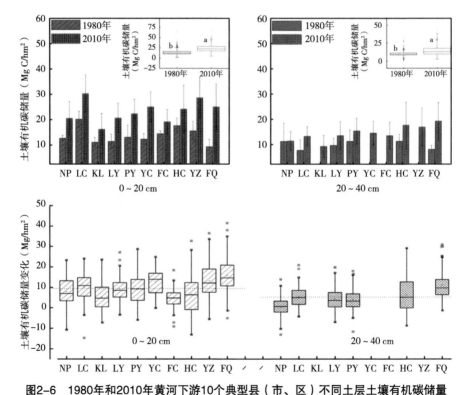

图2-6　1980年和2010年黄河下游10个典型县（市、区）不同土层土壤有机碳储量

　　注：图中小图展示过去30年10个县（市、区）不同土层土壤有机碳整体变化；不同字母代表0.05水平差异显著性（NP，南皮；LC，栾城；KL，垦利；LY，莱阳；PY，平邑；YC，禹城；FC，方城；HC，潢川；YZ，禹州；FQ，封丘）

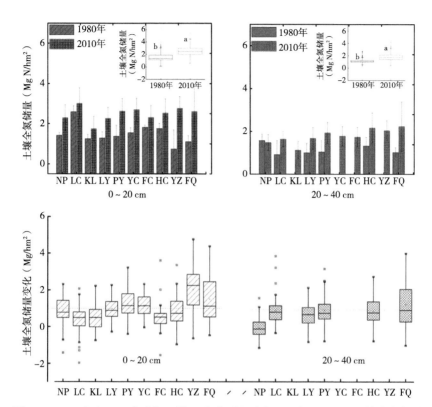

图2-7　1980年和2010年黄河下游10个典型县（市、区）不同土层土壤全氮储量

注：图中小图展示过去30年10个县（市、区）不同土层土壤全氮整体变化；不同字母代表0.05水平差异显著性（NP，南皮；LC，栾城；KL，垦利；LY，莱阳；PY，平邑；YC，禹城；FC，方城；HC，潢川；YZ，禹州；FQ，封丘）

经测算，黄河下游及其引黄灌区地区耕层（0~20 cm）与深层（20~40 cm）土壤固持有机碳分别为10.9 Tg和16.8 Tg。这相当于中国从1980年到2012年，全国二氧化碳总排放量的1.1%和1.7%。有研究表明，中国农田由于长期耕作而导致土壤有机碳源效应已经停止，而黄河下游以及华北平原地区农田土壤有机碳也在1980年以后的近几十年间扮演着土壤碳汇的角色。前人研究表明，中国农田在过去30年里有机碳固持速率为每年7.9 Tg到25.5 Tg。假设其最大值为25.5 Tg，根据我们估测，黄河下游以及华北平原地区农田耕层土壤贡献了10.9 Tg，占中国农田表层土壤总有机碳固持量的42.8%。依据前人研究，假设当前的碳固持速率可以持续，黄河下游及其所在的华北平原还将继续为中国农田碳固持扮演重要角色。

演变过程篇

由于土壤有机碳变化常与土壤氮的变化紧密相关（图2-8）。我们的结果表明黄河下游农田土壤全氮储量也显著增加。0～40 cm土壤增加的速率为每年1.7 Mg N/hm²（共每年2.07 Tg N）。这一速率比长江中下游平原地区要高（每年0.7～1.6 Mg N/hm²）。人们普遍认为底层土壤受到的扰动较小，土壤有机碳变动小，因此对底层土壤的关注研究比较少。然而对深层次土壤的研究不应忽略，特别是在农业扰动剧烈的生态系统。前人研究估测，中国农田20～40 cm土壤有机碳固持速率为每年4.8～7.3 Tg，这表明黄河下游农田底层土壤对中国农田土壤有机碳累积贡献巨大（每年5.88 Tg）。因此，底层土壤对区域土壤碳平衡和循环也有着重要的作用。

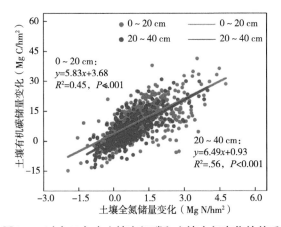

图2-8　过去30年来土壤有机碳和土壤全氮变化的关系

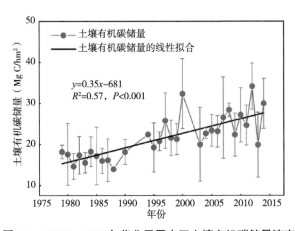

图2-9　1980—2010年华北平原农田土壤有机碳储量演变

注：每个值代表同一年不同区域测量值的平均值，以此来代表华北平原的平均值

我们估测发现黄河下游耕层（0~20 cm）土壤有机碳年均变化速率为每年0.31 Mg C/hm²（图2-6），这与从文献中提取数据的估测结果相同（每年0.35 Mg C/hm²）（图2-9）。有研究利用华北平原内三个长期农业试验数据，借助作物模型（APSIM）的手段，发现华北平原1980年到2010年土壤有机碳固持速率为每年0.35 Mg C/hm²，这一结果同样与我们的估测结果相似。同时，中国科学院南京土壤研究所赵永存等依托通过全国58个典型农业县的土壤采样数据估算了过去30年（1980—2010年）中国农田土壤有机碳的变化，发现其有机碳含量呈增加趋势，速率为每年0.14 Mg C/hm²，即过去30年来，黄河下游以及华北平原地区农田土壤有机碳固持速率是中国农田土壤有机碳固持平均速率的2.5倍。另外，为了便于与中国其他主要农业区的数据进行比较，我们计算了有机碳增长的年均速率（表2-3），同样表明，黄河下游以及华北平原农田在过去30年来成为中国农田土壤有机碳累积最高的地区。

表2-3　各农业区土壤有机碳变化比较

	年均变化速率[1]（%） （潘根兴 等，2009）	年均变化速率[2]（%） （于严严 等，2010）	黄河下游地区（%）
中国北部	0.40	0.58	
中国西北	0.36	0.54	
中国南部	0.44	0.31	1.8
中国西南	0.18	0.19	
中国东北	-0.04	0.06	
中国东部		0.67	

[1]方程：$[（终值-初始值）^{（1/（时间尺度-1）}-1]×100\%$；[2]假设研究期间土壤容重不变

2.2.3　土壤有机碳储量变化的驱动机制

来自作物的碳（Crop_C）输入是黄河下游耕层土壤有机碳储量增加的重要控制因素（图2-10）。年均降水量（MAP）、土壤pH的变化和当前的土壤盐渍化水平也是另一个重要的控制变量。根据随机森林中的均方差排序（MSE increase）（%）增长的幅度，控制深层土层的三个最重要因素是年均降水量（MAP），土壤类型和肥料增量（图2-10b）。总体来说，随机森林模型分析预示着耕层土壤的有机碳储量变化主要是被农田管理因子控制（图2-10a），而深层土壤的有机碳储量变化是被环境因子所限制。

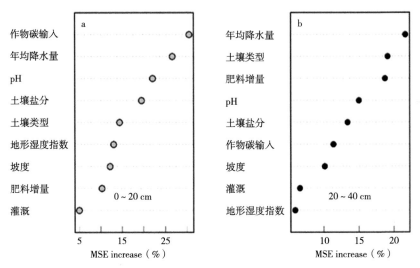

图2-10　调控土壤有机碳变化因素的相对重要性

注：图（a）为0~20 cm；图（b）为20~40 cm

通过随机森林模型分析（图2-11）表明，在模型中所使用的独立变量解释了黄河下游地区农田土壤有机碳储量总变异的20%。两个土层的预测均方差（RMSEP）分别是7.2 Mg C/hm^{2}和6.32 Mg C/hm^2，但是平均百分比误差（MPE）是−0.39 Mg C/hm^{2}和0.55 Mg C/hm^2。

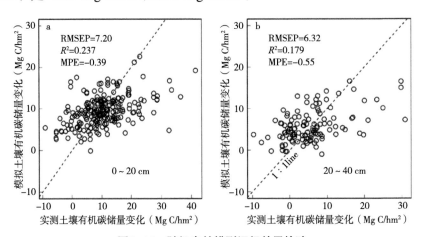

图2-11　随机森林模型运行效果检验

农田土壤有机碳变化幅度的大小，是由环境因素和人为活动共同决定的。随机森林模型的结果表明，耕层土壤有机碳储量的变化更多地倾向于来自作物的碳投入，而不是环境因素（图2-10a）。这是由于人类活动引起的土壤扰动大多停留在表层。而大多数秸秆还田中的碳和来自根系的碳也都停留在表层。然而，黄河下游地区深层土壤有机碳变化幅度更可能受到环境因素的影响，比如，年均降水量和土壤质地（图2-10b）。前人研究表明，年均降水量和土壤有机碳在不同土层中的含量呈正相关关系。而土壤质地也是对深层土壤有机碳最好的预测变量。然而也有研究指出，对于像黄河下游这样的灌溉农业区，温度和降水不可能成为土壤有机碳动态的主要调控因子。因此未来的研究应该更多地关注深层土壤有机碳对环境和人为活动响应。

在如此大区域范围、长的时间尺度以及如此剧烈的人为扰动下，要准确评估土壤有机碳变化及其调控因子并非易事。虽然我们收集了多种来源的数据，并试图解释土壤有机碳氮的调控因素，但是从随机森林模型的表现来看，其解释力并不高。一方面来自调查问卷数据的准确性，比如秸秆还田时间、氮肥施用量等变量，很可能因为接受问卷农民经验和种植习惯的不同而差别很大。另外30年来，农耕环境发生了巨大的变化（图2-12），在如此长的时间尺度和农业迅速发展的背景下，试图探讨特定耕作条件下土壤有机碳的响应很可能会掩盖其真正的影响。例如，氮肥的使用在过去30年中对黄河下游以及整个华北地区作物产量的提高做出了重要贡献。但是，目前氮肥过量的使用已经导致了氮肥利用效率的降低。并且，土壤氮的可利用性已经不再是影响作物生产主要限制因素（图2-10）。因此从随机森林模型的统计结果来看，氮肥的增加量并不是导致土壤有机碳变化的重要因素。可见，像黄河下游地区这样迅速发展的农业区，想要评价某一特定管理措施，对土壤有机碳变化的影响需要结合实际发展情况分成不同的阶段来讨论，以此来提高评价的准确性。

2.2.4 农业管理与土壤有机碳储量变化

黄河下游乃至华北地区农田土壤有机碳的大幅增加主要受三大因素驱动（图2-12）。

首先，土壤盐渍化下降和排水灌溉系统的显著提高。20世纪80年代以前，普遍的土壤盐渍化及频繁的洪涝灾害使华北平原80%的农田处于中低产田。为改善农耕环境，华北平原进行了一系列的农业工程措施，比如利用世界银行贷款、进行农业黄淮海战役等。经过多年的努力，该地区土壤盐渍化面积降低了70%（1961—2000年）。土壤盐渍化水平的降低，大大促进了作物的生产从而增加了碳的投入，有利于土壤碳累积。水利灌排系统的提高，大大提高了灌溉效率，也扩展了灌溉面积。过去30年来，有效灌溉面积增加了近20%，促进了作物产量的提升。至土壤修复工程完成第一阶段（1994年），国家粮食产量逆转其下降趋势，其中，全国粮食产量增量的50.4%来自黄淮海平原，为大量来自秸秆有机碳的还田提供了可能。

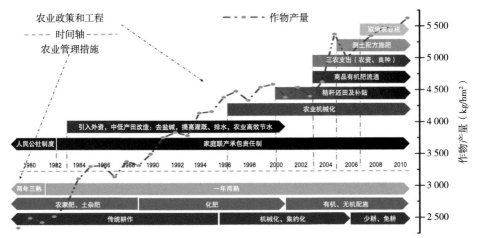

图2-12 华北平原过去30年来重要农业工程、农业管理措施、农业政策及其作物产量的演变

其次，农业管理措施的转变对土壤有机碳固持的提升做出了巨大贡献。从1980年开始，化肥替代有机肥，同时由于技术的提高和生产成本的下降，促进了化肥的大量使用。化肥的平均投入量，从1980年的120 kg/hm²提高到2008年590 kg/hm²，化肥的使用不仅增加了营养元素的可利用性，而且大大提高了作物的初级生产力（NPP）。黄河下游地区为监测土壤肥力而建立了大量长期施肥试验，从禹城（1990—2010年）和封丘（1990—2007年）的试验来看，化肥的使用促进了土壤有机碳的增加，其速率达到每年0.19 Mg C/hm²。另外，近十年来，商业有机肥的大量使用和推广，对土壤肥力和土壤结构的改善有着积极意义。随着机械化的推广，耕作方式也完成了由农业动物犁耕向机械旋耕的转变。也有研究发现，与传统耕作相比，机械旋耕条件下土壤有机碳及其各组分都得到了增加。另外有研究发现，机械化秸秆还田能够使秸秆再进入土壤转化速率更高。综上，过去30年黄河下游地区农田管理措施的提升促进了土壤有机碳的累积。

表2-4　黄河下游地区农业发展历程演变及其参考文献

时间（年）	农业措施	农业措施具体内容	参考文献
1970	轮作系统	由于人口和用地矛盾的加剧，粮食供给面临严峻压力。华北平原大部分地区的农田从1970年末开始由两年三熟转为一年两熟	（Wang et al., 2015）
1978	工程措施	1）利用位子进行基础建设发展，1978年开始，中国累计利用外资70亿美元对排灌系统进行升级；2）利用世界银行贷款项目和亚洲发展银行贷款项目，对中低产田进行改造，大大提升了华北平原排水系统	（IRTCES，2009；IRTCES，2009; Kendy et al., 2003；李振声等，2011）
1980	化肥	20世纪80年代开始，由于改革开放和技术进步，N肥变得廉价，农民开始施用化肥来代替农家肥的使用。综合利用有机无机肥料对于提升农田有机碳有着积极作用	（李怀军 等，2009；Song，1997；党伟等，2009；刘红君和卢中民，2012）
1989	机械化	1989年到1999年，以市场化为导向，围绕农村和农业经济发展，开始发展农业机械化，从1999—2009年，中国农业机械化进入快速发展时期	（农业部农业机械化管理局，2009）
1999	秸秆焚烧禁令及秸秆还田补贴	1）农业部，环境保护部，财政部，铁道部等多部门在1999年、2003年和2005年颁布了一系列关于禁止秸秆燃烧和鼓励秸秆还田的政策和补贴措施，大大增强了农民环保意识的提高，以及促进了各地秸秆还田的进行，对于土壤有机碳含量和节能减排产生了积极效果。包括：《加强禁止秸秆焚烧和综合化利用的通知》，《秸秆焚烧和综合利用管理办法》；2）秸秆还田和补贴，2001年农民开始进行秸秆还田（Zeng et al., 2001），2007年政府对秸秆还田进行补贴	（SAEPPRD；Qian et al., 2011）
2000	农业补贴	从2001年到2100年，中国用于"三农"补贴的经费从1 231亿元增加到8 580亿元（Ni，2013）。从2000年到2005年，中国政府开始对农业进行减税，2006年1月开始，在中国持续了2 600年的农业税收制度彻底废除，搬进了博物馆	（新华社新闻，2006）

（续表）

时间 （年）	农业措施	农业措施具体内容	参考文献
2002	有机肥 商业化	2002年，中国通过了商业化有机肥料生产标准NY 525—2002及有机无机复合肥标准GB 18877—2002。代表了中国液化有机肥料正式进入肥料循环系统，这将对世界农业发展产生重要贡献	（State Administration of Taxation，SAT，2014）
2004	测土配方 施肥	2004年，为提升土壤肥力和肥料利用效率，政府决定对土壤进行测度配方施肥	（Gao et al.，2007；Lan et al.，2008；Zhang，2010）

演变过程篇

最后，支持性的农业政策的实施，对农业的发展和可持续性都有很大的贡献（表2-4）。例如，从1979—1984年，农村土地所有制的改革，大大促进了农民种地的积极性，通过增加肥料等投入使得国家粮食产量增加超过4.9%。另外，如粮食价格保护政策以及农业补贴、农业税的免除，都大大促进了农民对农业投入的积极性，相应的增加粮食产量。同样的政府对秸秆焚烧禁令的颁布，以及对秸秆还田等措施的补贴都鼓励农民将作物残落物向土壤中归还。从而显著降低了二氧化碳向大气中的排放，并且促进了土壤有机碳的累积。综上所述，过去30年来黄河下游以及整个华北地区的农业集约化发展，不仅保证了国家粮食安全，同时也大大提高了区域土壤有机碳的累积。

2.2.5 结论与展望

黄河下游农田土壤有机碳含量，明显低于中国的其他区域，并且在19世纪60年代经历了快速的下降，到19世纪80年代初期，土壤有机碳降低到了最低水平。如果采用优化农田管理措施，又有多少土壤有机碳能够恢复？根据中国科学院南京土壤研究所相关的研究（2010年）推测，每年有7 254 kg/hm² 作物残体投入才能够维持我国东部地区目前农田土壤有机碳水平。而基于本文的估算，目前每年作物残体的投入量为9 000 kg/hm²，已经超过了维持有机碳的需要。根据推算，如果实施优化碳管理策略，黄河下游所在华北平原土壤有机碳将达到55 Mg/hm²。大概是目前土壤有机碳密度水平（表层30 cm 31.7 Mg/hm²）的两倍。当土壤有机碳储量的水平接近饱和时，其碳固持效率也会随之下降。目前黄河下游地区秸秆还田率已经达到50%，然而，有机肥的使用和保护性耕作的开展还很少。利用经验模型，估算了土壤有机碳的固持潜力，发现我国东部农田土壤将继续保持较高的碳固持潜力，特别是华北平原的这一潜力可达到全国碳固持潜力的25%（相当于0.4 Pg到0.5 Pg）。如果按照本研究结果，以每年10.9 Tg的速率计算，黄河下游地区将在未来的37～46年达到其有机碳的饱和水平。未来优化有机无机肥料的配施，推广保护性耕作，黄河下游地区农田将在满足粮食需求的同时继续增加土壤有机碳的固持。

参考文献

揣小伟，黄贤金，赖力，等，2011. 基于GIS的土壤有机碳储量核算及其对土地利用变化的响应[J]. 农业工程学报，27（9）：1-6.

傅伯杰，郭旭东，陈利顶，等，2001. 土地利用变化与土壤养分的变化——以河北省遵化县为例[J]. 生态学报，21（6）：926-931.

孔祥斌，张凤荣，齐伟，等，2003. 集约化农区土地利用变化对土壤养分的影响——以河北省曲周县为例[J]. 地理学报，58（3）：333-342.

李振声，欧阳竹，刘小京，等，2011. 建设"渤海粮仓"的科学依据——需求、潜力和途径[J]. 中国科学院院刊，26（4）：371-374.

潘瑞，刘树庆，颜晓元，等，2011. 河北省农地土壤肥力特征时空变异分析及其质量评价[J]. 土壤通报，42（4）：828-832.

王存龙，刘华峰，王红晋，等，2014. 山东黄河下游流域土壤碳储量及时空变化研究[J]. 地球与环境，42（2）：228-237.

王国成，许晶晶，李婷婷，等，2015. 1980—2010年华北平原农田土壤有机碳的时空变化[J]. 气候与环境研究，20（5）：491-499.

王文静，魏静，马文奇，等，2010. 氮肥用量和秸秆根茬碳投入对黄淮海平原典型农田土壤有机质积累的影响[J]. 生态学报，30（13）：3591-3598.

张玉铭，胡春胜，毛任钊，等，2011. 华北山前平原农田土壤肥力演变与养分管理对策[J]. 中国生态农业学报，19（5）：1143-1150.

赵倩倩，赵庚星，姜怀龙，等，2012. 县域土壤养分空间变异特征及合理采样数研究[J]. 自然资源学报，27（8）：1382-1391.

赵荣芳，陈新平，张福锁，2009. 华北地区冬小麦-夏玉米轮作体系的氮素循环与平衡[J]. 土壤学报，46（4）：684-697.

甄兰，崔振岭，陈新平，等，2007. 25年来种植业结构调整驱动的县域养分平衡状况的变化——以山东惠民县为例[J]. 植物营养与肥料学报，13（2）：213-222.

钟聪，杨忠芳，胡宝清，等，2016. 河北平原区土壤有机碳及其对气候变化的响应[J]. 农业现代化研究，37（4）：809-816.

Baker J M，Ochsner T E，Venterea R T，et al.，2007. Tillage and soil carbon sequestration—what do we really know?[J]. Agriculture，Ecosystems and Environment，118（1-4）：1-5.

Bolinder M，Janzen H，Gregorich E，et al.，2007. An approach for estimating net primary productivity and annual carbon inputs to soil for common agricultural crops in Canada[J]. Agriculture，Ecosystems and Environment，118（1）：29-42.

Díaz-uriarte R，Alvarez De Andrés S.，2006. Gene selection and classification of microarray data using random forest[J]. BMC bioinformatics，7：1-13.

Gong W，Yan X Y，Wang J Y，et al.，2009. Long-term manure and fertilizer effects on soil organic matter fractions and microbes under a wheat-maize cropping system in northern China[J]. Geoderma，149（3）：318-324.

Johnson J F，Allmaras R，Reicosky D.，2006. Estimating source carbon from crop residues，roots and rhizodeposits using the national grain - yield database[J]. Agronomy Journal，98（3）：622-636.

Liu C，Lu M，Cui J，et al.，2014. Effects of straw carbon input on carbon dynamics in agricultural soils：a meta - analysis[J]. Global Change Biology，20（5）：1366-1381.

演变过程篇

3 黄河下游引黄灌区农田土壤有机碳变化及驱动机制

黄河下游引黄灌区横跨黄河、淮河及海河三大流域，包括南北两侧直接引用黄河水灌溉的有关地区，涉及河南、山东两省18个地级市的88个县级区划单位。总土地面积8.16万km²，其中黄河流域面积1.38万km²，淮河、海河流域面积为6.78万km²。黄河下游引黄灌区是华北大坳陷的一部分，由黄河冲积洪积而成，引黄灌区地势大致平坦，河南段地面坡降1/3 000 ~ 1/6 000，海拔高程在50 ~ 100 m，黄河河床高出大堤外地面3 ~ 5 m；山东段除大汶河等直接入黄支流流域属鲁西南山区外，其余大部分属黄泛冲积平原，高程一般在海拔50 m以下，由于历史上黄河多次泛滥改道、泥沙沉积和风力搬迁的作用，使其间多形成微起伏地形、岗洼相间的复杂微地貌特征，背河两侧分布有低洼易涝地带，黄河下游引黄灌区从整体上看，主要有黄河冲积扇地貌、黄河沉积地貌和河间平原地貌组合，在西北沿卫河一带，有少部分太行山山前洪积冲积平原，沿其冲积扇的前缘分布有浅平交接洼地。下游引黄灌区独特的自然地理特征，为发展引黄灌溉创造了有利条件。

据当地地方年鉴统计，黄河下游引黄受益县总人口约为5 271万人，其中农业人口4 372万人，平均人口密度573人/km²；非农业人口为899万人，占总人口的17.1%。黄河流域是我国农业经济开发最早的地区。流域主要农作物有小麦、玉米、谷子、薯类、棉花、油料和烟叶等，尤其是小麦、棉花、油料和烟叶在全国占有重要位置。其中，黄河下游引黄灌区农业生产发达，是我国重要的商品粮棉油生产基地，为豫鲁地区粮食生产做出了重要贡献，在保障国家粮食安全中具有举足轻重的作用。

作为黄河下游第二大灌区的潘庄灌区位于山东省西北部，德州市境内，有效灌溉面积357万亩（1亩≈0.067 hm²），属国家大型引黄灌区。灌区范围包括德州市的德城、武城、夏津、平原、陵城、宁津、禹城、齐河8个县（市、区）的全部或部分区域（其中平原县、禹城市全部行政区域处于潘庄灌区范围内，武城县、夏津县、德城区、陵城区、宁津县及齐河县的部分区域位于潘庄灌区范围内，水土资源分析中6个不完全位于灌区内的县，均按照其位于潘庄灌区范围内面积占比计算），国土面积5 735.8 km²，占德州市总面积的55.4%。同时肩负着向河北、天津供水任务，多次完成引黄济津、引黄济沧调水任务。在有效解决德州市水资源供需矛盾同时，改善了生态环境，创造了显著的经济效益和社会效益。潘庄灌区辐射的德州市，作为黄河下游典型地区，是我国现有5个整建制粮食高产创建试点市之一，首个全域实现"亩产过吨粮、总产过百亿"的地级市；并于2021年9月启动了"吨半粮"生产能力建设，提出"利用5年时间，实现100万亩核心区单产1 500 kg以上"的建设目标，率先打造成为我国大面积实现粮食超高产的标杆。德州市"吨半粮"建设的顺利实施，将辐射带动黄河下游乃至整个华北（黄淮海）平原粮食产能的进一步提升，预计新增年均粮食产量超过850亿kg，夯实国家粮食安全的"压舱石"，将"中国人的饭碗"牢牢端在自己手中。

禹城市是潘庄灌区的典型县域，2020年耕地面积占总面积的55.1%，土壤类型、气候条件、土壤利用和农业实践与黄河下游引黄灌区乃至整个华北平原大部分地区相似。种植制度为黄河下游地区典型的冬小麦—夏玉米轮作模式，且每年6—10月玉米，10月至翌年6月种植小麦。禹城粮食产量已居较高水平，粮食亩产已超吨粮。该地区的自然条件和农业生产水平在黄淮海平原具有代表性和典型性。地貌类型为黄河冲积平原，土壤母质为黄河冲积物，以潮土和盐化潮土为主。海拔高程23 m，属暖温带半湿润季风气候，多年平均气温13.1℃，多年平均降水量为538 mm，降水集中在6—8月，占全年降水的68%左右，年太阳辐射总量5 215.6 MJ/m²，日照时数1 920 h，≥0℃积温为4 951℃，无霜期200 d，光热资源丰富，雨热同期。禹城市共辖11个乡镇，土地总面积988.6 km²，2020年耕地面积为545.0 km²。

本章以禹城市为研究对象，依托中国科学院禹城综合试验站在禹城市的长期观测和研究数据，探究近40年来黄河下游引黄灌区农田耕层（0～20 cm）土壤碳储量的变化趋势，探讨农田有机碳储量对土壤养分、地形指数、气候因子等影响因子的响应并阐明黄河下游引黄灌区农田土壤有机碳变化的驱动机制。我们的研究中，对数据进行多年定点提取，来评估农田管理和气候变化下驱动SOC储量的影响因子。我们检验了这样一个假设，即随着农业的快速发展，黄河下游引黄灌区的农田土壤表现为碳汇，并受土壤养分、地形和气候的共同控制。

3.1 农田土壤有机碳变化特征

3.1.1 土壤有机碳的储量变化

2007—2020年华北集约化农业区土壤有机碳呈现增长趋势（图3-1），2007年土壤有机碳为24.2 Mg C/hm²，2020年土壤有机碳为29.2 Mg C/hm²，相对1980年分别增加了87.6%、126.4%，年均增速分别为0.419 Mg C/hm²、0.407 Mg C/hm²。2007—2010年、2011—2015年和2016—2020年，土壤有机碳储量的平均值分别为26.9 Mg C/hm²、25.9 Mg C/hm²、31.3 Mg C/hm²（图3-2），相对1980年分别增长了108.5%、100.8%和142.7%。

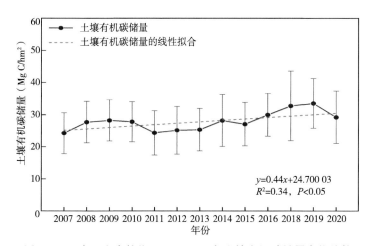

图3-1 玉米—小麦轮作2007—2020年土壤有机碳储量变化趋势

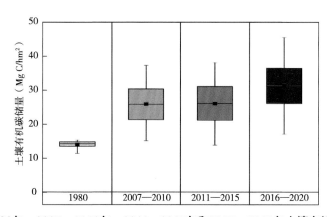

图3-2 1980年、2007—2010年、2011—2015年和2016—2020年土壤有机碳储量变化

3.1.2　土壤有机碳储量变化的空间格局

2007—2010年，东北和西南地区土壤有机碳呈减少趋势，最多减少4.9 Mg C/hm²。2011—2015年，土壤有机碳在东部地区呈现减少趋势，最多减少2.5 Mg C/hm²。2016—2020年，土壤有机碳研究区的北部、南部地区呈现减少趋势，最多减少14.8 Mg C/hm²（图3-3）。在土壤有机碳变化的空间格局上，东部和西北区域呈现土壤有机碳增加，增加范围在3.1 ~ 21.2 Mg C/hm²，平均增加7.6 Mg C/hm²；西南区域土壤有机碳显著降低，降低范围在1.5 ~ 9.2 Mg C/hm²（图3-4）。

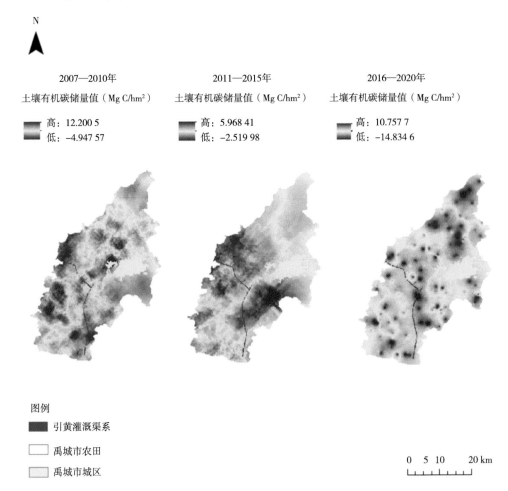

图3-3　2007—2010年、2011—2015年和2016—2020年禹城土壤有机碳储量（0 ~ 20 cm）的空间变化分布

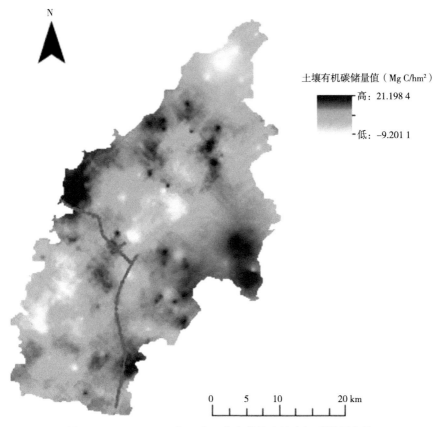

土壤有机碳储量值（Mg C/hm²）

高：21.198 4

低：-9.201 1

演变过程篇

0   5   10   20 km

图3-4　2007—2020年玉米—小麦轮作土壤有机碳储量变化

3.1.3　结论与展望

　　集约化农业的持续进行深刻影响了土壤碳、水和养分循环。随着40年来农田的利用，其土壤有机碳整体呈现碳汇，并且到目前一直处于土壤有机碳储量的上升阶段。由于长期的农田管理和增肥政策带来的土壤肥力的提高，该区域土壤有机碳储量呈增长趋势。研究区长期实行秸秆还田等管理措施，平均（1980—2020年）固碳效率约为每年0.407 Mg C/hm²，与Wang等（2015）使用NCP内三个长期农业试验站的数据优化过程模型（APSIM）估计的结果（每年0.35 Mg C/hm²）相比较高，说明农田管理措施对土壤有机碳固定的影响很大。此外，在捷克共和国当地长期集约化耕作下土壤有机碳储量的增加，具体是通过有机富碳沉积物在景观上的逐渐运输带来地势较低地区土壤有机碳储量的增加。

演变过程篇

固有的环境条件（如地形、气候）和人类活动的加剧改变土壤生态系统的可持续性，影响土壤有机碳的空间分布。撒哈拉以南非洲通过农田管理措施（增加施氮量、作物秸秆还田）抵抗地理位置带来的不利气候影响，以实现地区作物增产与土壤有机碳增加的双赢。本研究区的西北和东南呈现土壤有机碳储量动态变化增加的趋势，东北和西南地区呈现相对减少趋势。可能的原因是农田管理措施在土壤有机碳储量动态变化趋势的空间分布中具有重要作用，包括引黄干渠和黄河带来的灌溉影响。具体而言，引黄干渠附近的土壤有机碳储量呈现出增长的趋势，而靠近黄河的南部及东南部地区的土壤有机碳储量也呈现出相应的增加趋势。该现象主要受河流渠系对地下水位的影响所致，通过调用黄河水补充了浅层地下水（Kong et al.，2018）。距河流渠系越近，土壤中的水分和养分越充足，促进了附近植物群落生物量的增加（Wang et al.，2009），有利于微生物对有机质的分解和转化，这一过程进一步促进了土壤有机碳的投入，推动了土壤有机碳储量的动态变化。

3.2　土壤有机碳变化与养分特征变化的关系

3.2.1　土壤养分特征

2007—2020年，集约化农区土壤全氮和速效钾均呈现增长趋势（图3-5），有效磷变化较小。土壤全氮在13年间由0.8 g/kg增长到0.97 g/kg。2007—2010年、2011—2015年和2016—2020年，土壤全氮平均值分别为0.7 g/kg、0.8 g/kg和1.1 g/kg，在2016—2020年最高，显著高于其他时期。土壤有效磷在13年间由23.8 mg/kg增长到25.2 mg/kg。2007—2010年、2011—2015年和2016—2020年，土壤有效磷平均值分别为24.9 mg/kg、28.6 mg/kg和25.8 mg/kg，有效磷在2011—2015年含量最大，在2016—2020年出现下降趋势。土壤速效钾在13年间由141 mg/kg增长到269.2 mg/kg。2007—2010年、2011—2015年和2016—2020年，土壤速效钾平均值分别为163 mg/kg、168.4 mg/kg和267.9 mg/kg，在2016—2020年显著增加，高于其他时期。

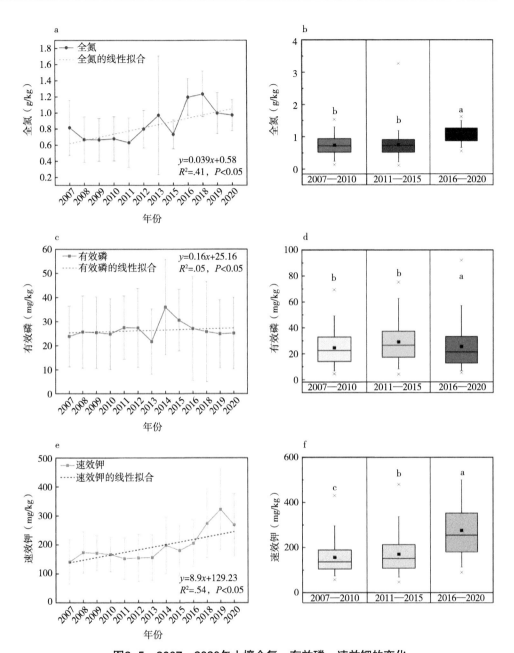

图3-5　2007—2020年土壤全氮、有效磷、速效钾的变化

3.2.2　土壤有机碳与养分特征的关系

将收集到的土壤碳储量和土壤养分、地形指数、气候因子做相关性分

演变过程篇

析（图3-6）。土壤碳储量和速效钾（$R^2=0.82$）、蒸发量（$R^2=0.61$）、年份（$R^2=0.60$）、全氮（$R^2=0.50$）、pH（$R^2=0.49$）都有显著的正相关性（$P<0.05$）。

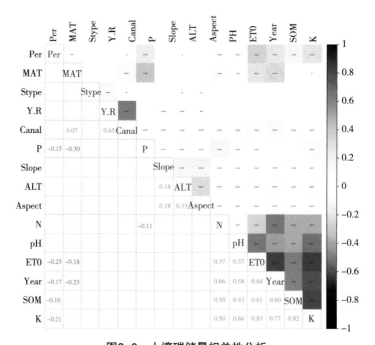

图3-6　土壤碳储量相关性分析

注：显著差异用符号表示：***$P<0.001$、**$P<0.01$、*$P<0.05$、无符号，无显著差异；Per，年降水量；MAT，年平均温度；S.type，土壤类型；Y.R，距黄河的远近；Canal，离引黄干渠距离；P，有效磷；Slope，坡度；N，全氮；pH，酸碱度；ET0，年蒸发量；Year，年份；SOM，有机质；K，速效钾

3.2.3　结论与展望

土壤养分含量是人为可以调控的，是我们研究农田土壤固碳机制应关注的重点。土壤有效磷、全氮和速效钾是对农田有机碳储量影响较高的因素。其中，有效磷对农田土壤碳储量变化的解释度最大（58.5%），可能是由于有效磷作为土壤养分的限制性元素，对地下生物量积累起限制作用，决定了有机碳固存过程的效率。

气象因子中的降水和温度直接影响土壤的温度和湿度，通常被认为是土壤有机碳的重要调节因素之一。从国家和区域尺度上，土壤有机碳含量随降水量的增加和温度的降低而升高。我们的随机森林结果显示，温度（44.7%，$R^2=0.1$，$P<0.05$）、降水（42.7%）是影响农田碳储量的重要因子。这主要是土壤水分条件的适当变化有利于土壤有机碳的积累和贮存，即农田碳汇作用增强，这可能是由于水分条件改善有利于农田植被生长和土壤生物活动。一方面使更多根系和凋落物残体在水分作用下容易腐烂分解成小分子有机物保存于土壤中；另一方面促进了土壤动物和微生物活性，使有机物质的分解转化速度加快，土壤有机碳储量累积。

地理要素是难以在耕作过程中被人为改变的，却是对农田生产和碳固存有重要影响的特性的因素。海拔、坡度、坡向等地形指数影响着区域内的水热条件，不同水热条件下土壤有机碳的累积和分解速率存在着明显差异（孙文义和郭胜利，2011）。我们的随机森林模型（RF）结果显示，海拔（11.9%，$R^2=0.05$，$P<0.05$）、坡度（8.7%，$R^2=0.03$，$P<0.05$）和坡向（9.3%，$R^2=0.04$，$P<0.05$），对各种农田点位的影响相对较弱。这与先前在山地草原的研究结果不一致，即海拔和坡向解释了41.2%的土壤有机碳储量变化。可能的原因是，首先，在本研究区域中，地形变化较小，导致其他因素的影响可能比地形因素更为显著，所以它们的作用被相对削弱。其次，我们的结果显示，距黄河距离（The distance from the Yellow River，DR）这一因素，不论土壤有机碳缺乏或适量，都影响农田土壤碳储量。不同的是，距引黄干渠距离（The distance from the channel leading to the Yellow River，DC）随着土壤有机碳含量的提高对碳储量的影响增大。这点与我们对2007年和2020年华北平原（0～20 cm）土壤有机碳储量空间分布变化的研究结果一致（图3-4）。

3.3 土壤有机碳变化的驱动机制

3.3.1 土壤有机碳变化的影响因素

为了量化土壤养分、气象（温度、降水、蒸发）以及地形（DR、DC、高程、坡度、坡向）对土壤有机碳变化影响，我们选择变差分解分析（VPA）对三个因素与土壤有机碳的解释度进行了分析（图3-7）。在三类因子之中，相对于气象、地形要素，土壤与土壤有机碳的关系更为紧密。在地形对土壤有机

演变过程篇

碳动态变化的研究中，发现地形要素调控土壤有机碳变化的根本原因是控制了土壤位置的重新分布率，本质上是土壤要素调控土壤有机碳的变化。我们通过VPA分析，发现土壤要素解释了土壤有机碳66.5%的变化，确定了在中国集约化农业区，土壤性质是决定土壤有机碳变化的关键要素。

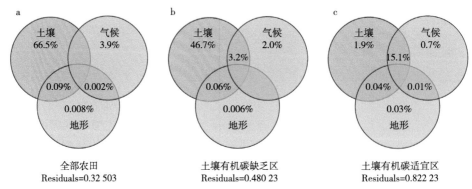

图3-7　VPA分析土壤养分、气象以及地形因素对土壤有机碳的影响

注：图（a）为全部农田；图（b）为土壤有机碳缺乏区；图（c）为土壤有机碳适宜区

3.3.2　土壤有机碳变化的驱动机制

总体上，土壤因子解释了66.5%土壤有机碳的变化，在RF结果中（图3-8a），发现土壤因子中有效磷对土壤有机碳的影响最大（58.5%），pH对土壤有机碳的影响为40.8%，速效钾和全氮对土壤有机碳的影响分别为36.3%和30.3%；气候因子解释了土壤有机碳变化的3.9%，其中温度、降水对土壤有机碳的影响分别为44.7%和42.7%；地形因子对土壤有机碳变化的解释度较低，仅为0.008%，DR是对土壤有机碳的影响最大的地形因子（13.8%）。

我们参照《耕地质量等级》（GB/T 33469—2016），将研究区划分为土壤有机碳缺乏区（10～20 g/kg）、土壤有机碳适宜区（20～30 g/kg）。对于土壤有机碳缺乏区，土壤养分对土壤有机碳变化的解释度从66.5%下降为46.7%。在土壤养分中，速效钾对土壤有机碳的影响最大，为54.3%，其相关系数为0.71；其次为有效磷（47.4%）、pH（44.6%）、全氮（33.5%）。气候因子解释了土壤有机碳变化的2%，RF结果中（图3-8b），温度、降水对土壤有机碳的影响分别为49.1%、48.1%。地形因子对土壤有机碳变化的解释度为0.006%，地形因子中，DR对土壤有机碳的影响最大，为14.1%。

对于土壤有机碳适宜区，土壤养分、气候因子对土壤有机碳的变化的解释度分别为1.9%和0.7%，土壤与气候共同解释了土壤有机碳15.1%的变化。RF的结果发现（图3-8c），土壤养分对土壤有机碳影响最大，为有效磷（83.7%）、pH（28.9%，$R^2=-0.49$，$P<0.05$）、速效钾（25.1%，$R^2=-0.40$，$P<0.05$）、全氮（18.8%，$R^2=0.42$，$P<0.05$）；气候因子中，降水（10.3%）和温度（4.4%）对土壤有机碳的影响较弱，降水（$R^2=0.41$）、温度（$R^2=0.40$）与土壤有机碳呈显著正相关（$P<0.05$）。地形因子对土壤有机碳解释度上升（0.03%），地形因子中的DC对土壤有机碳影响最大（5.8%）。

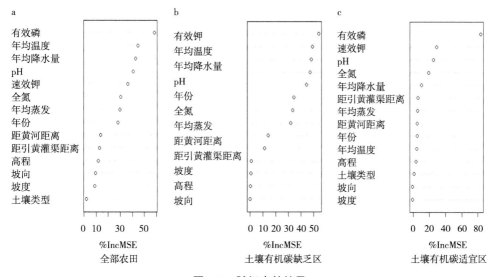

图3-8 随机森林结果

注：图（a）、（b）、（c）分别为全部农田、土壤有机碳缺乏区、土壤有机碳适宜区随机森林结果

3.3.3 结论与展望

气候变暖、水分限制、养分施肥、土地利用变化等多个驱动因素导致了土壤碳汇的结果。土壤碳动态更多地由与土壤形成的自然因素相关的土壤特性而不是外部驱动因素决定。在VPA结果中，土壤因子解释了66.5%总体土壤有机碳的变化，气候因子解释了土壤有机碳变化的3.9%，地形因子解释度较低，仅为0.008%。这一结果可能归因于这样一个事实，即集约化农区长期施肥后，土壤养分相对的增长幅度大，对土壤有机碳有更大的响应。

土壤养分中，有效磷对在土壤有机碳适宜区的农田土壤碳储量变化的解释度最大，该因素的贡献远大于其他因素（83.7%），其与土壤有机碳的决定系数为0.14。氮与土壤有机碳存在正向响应，在土壤有机碳适宜区，氮含量也是较高水平，磷促进植物地上部生长及其氮摄取、提高微生物呼吸作用，从而通过凋落物输入和有机氮归还而增加土壤氮的可利用性（Feng et al.，2023），有利于土壤有机碳的积累。有效磷作为限制性养分元素，通过限制氮的吸收而影响上述过程的效果。对于在土壤有机碳缺乏区的农田土壤，速效钾成为第一养分影响因子（54.3%），但对土壤有机碳适宜区的农田影响略小（25.1%）。可能的原因是，在土壤有机碳缺乏区，存在相对较多的>2 mm土壤团聚体比例，钾的形态通过土壤团聚体的大小受土壤有机碳含量的影响，速效钾不易被转化为易存储的形态，通过降低土壤钾供应能力直接影响作物对钾的吸收利用。

相对土壤有机碳缺乏区，在土壤有机碳适宜区，气候与土壤对土壤有机碳变化的复合效应被提高（3.2%到15.1%），表明随着土壤有机碳的提升，气候对土壤有机碳变化的影响逐渐加大。同时在RF模型中，降水对土壤有机碳的解释度也较高。因此，我们基于2007—2020年研究区的年降水量，参考干湿气候标准，将2014年、2019年作为降水量较少的年份做典型分析，选择2013年、2018年为降水量较多年份做典型分析，建立影响农田土壤碳储量的随机森林模型。年降水量较少的农田中，降水对其相对影响较大，为14.8%，对年降水量较多的农田影响略小（RF结果排名第6）。一个可能的原因是当降水量较少时，下渗的灌溉量的减少会直接影响作物的产量，这点在对玉米—产量降水关系的试验中得到证明，即水分短缺决定了玉米产量。同时，研究区域位于华北平原，气候导致年降水量大部分来自汛期，随着年降水量的减少，田间灌溉量随之加大。推测降水对农田的生态效应可能要大于即时的转化为灌溉的影响，良好的田间小气候有利于进一步的农田固碳。温度与降水在RF模型中的相对重要性结果是相反的，对年降水较多的农田影响上升（16.5%）。这可能是因为对于一个气候条件相对较好、降水充沛的农田来说，随着气温的升高，农作物的生长速度会增加，但同时也会加快水分的蒸发，需要通过灌溉等方式补充湿度。相对于降水，温度对于农田的水分管理和产量控制更为敏感。有研究表明温度和降水之间相互作用，共同影响农田有机碳储量。良好的作物生长过程离不开适量的土壤水分，在年温度较稳定的华北平原，土壤有机碳对降水的响应程度大于对温度的响应。

参考文献

常帅，于红博，曹聪明，等，2021. 锡林郭勒草原土壤有机碳分布特征及其影响因素[J]. 干旱区研究，38（5）：1355-1366.

胡正江，康晓晗，薛旭杰，等，2022. 集约农田管理措施对桓台县域土壤有机碳储量的影响[J]. 中国生态农业学报（中英文），30（8）：1258-1268.

李艾雯，宋靓颖，冉敏，等，2023. 气候变暖对四川盆地水稻土有机碳含量变化的影响[J]. 环境科学，44（8）：4679-4688.

李春越，常顺，钟凡心，等，2021. 种植模式和施肥对黄土旱塬农田土壤团聚体及其碳分布的影响[J]. 应用生态学报，32（1）：191-200.

李海萍，杜佳琪，唐浩竣，2021. 基于随机森林的县域土壤有机碳密度及储量估算[J]. 中国土壤与肥料（3）：1-8.

任其然，邓丽娟，焦小强，2021. 华北平原潮质土壤协同实现有机碳提升，粮食增产稳产的途径——以曲周县为例[J]. 中国土壤与肥料（1）：310-318.

王国成，许晶晶，李婷婷，等，2015. 1980—2010年华北平原农田土壤有机碳的时空变化[J]. 气候与环境研究，20（5）：491-499.

魏早强，罗珠珠，牛伊宁，等，2022. 土壤有机碳组分对土地利用方式响应的Meta分析[J]. 草业科学，39（6）：1115-1128.

杨广容，Xi Y H，李春莉，等，2012. 集约化生产对农田土壤碳氮含量及δ^{13}C和δ^{15}N同位素丰度的影响[J]. 应用生态学报，23（3）：751-757.

张恒恒，严昌荣，张燕卿，等，2015. 北方旱区免耕对农田生态系统固碳与碳平衡的影响[J]. 农业工程学报，31（4）：240-247.

张婧婷，石浩，田汉勤，等，2022. 1981—2019年华北平原农田土壤有机碳储量的时空变化及影响机制[J]. 生态学报，42（23）：9560-9576.

张维理，Kolbe H，张认连，2020. 土壤有机碳作用及转化机制研究进展[J]. 中国农业科学，53（2）：317-331.

赵明月，刘源鑫，张雪艳. 2022. 农田生态系统碳汇研究进展[J]. 生态学报，42（23）：9405-9416.

Chen Z，Wang J，Deng N R，et al.，2018. Modeling the effects of farming

演变过程篇

management practices on soil organic carbon stock at a county-regional scale[J]. Catena, 160: 76−89.

Feng J G, Song Y J, Zhu B, 2023. Ecosystem - dependent responses of soil carbon storage to phosphorus enrichment[J]. New Phytologist, 238（6）: 2363−2374.

Juřicová A, Chuman T, Žížala D, 2022. Soil organic carbon content and stock change after half a century of intensive cultivation in a chernozem area[J]. Catena, 211: 105950.

Liu K L, Huang J, Han T F, et al., 2022. The relationship between soil aggregate-associated potassium and soil organic carbon with glucose addition in an Acrisol following long-term fertilization[J]. Soil and Tillage Research, 222: 105438.

Kong X L, Wang S Q, Liu B X, et al., 2018. Impact of water transfer on interaction between surface water and groundwater in the lowland area of North China Plain[J]. Hydrological Processes, 32（13）: 2044−2057

Wang C T, Long R J, Wang Q L, et al., 2009. Changes in plant diversity, biomass and soil C, in alpine meadows at different degradation stages in the headwater region of three rivers, China[J]. Land Degradation and Development, 20（2）: 187−198.

黄河三角洲滨海盐碱区农田土壤有机碳变化及驱动机制

我国盐碱地总面积约为$3.69 \times 10^7 \, hm^2$。其中，滨海盐碱地土壤受陆域—水域互相演变引起的海岸线波动影响，有超过$1 \times 10^6 \, hm^2$的滨海土地受到盐碱化威胁。位于黄河下游的黄河三角洲地区，是我国滨海盐碱地最具代表性的区域之一，面积超过800万亩，是我国重要的后备耕地资源，也是统筹河海陆生态保护与社会发展，实施黄河流域高质量发展战略的热点区域之一。历史上由于黄河、淮河以及海河频繁的改道及洪水泛滥，加上海水倒灌和季风气候造成土壤盐碱化、地势平坦排水难等问题，使得该地区农业经常面临旱、涝、盐、碱等自然灾害。自20世纪50年代起，过度开垦和盲目扩张的灌溉加速了土壤的退化和次生盐碱化，到70年代末，该区域土壤平均有机碳含量已经降低到仅为0.54 g/kg（中国土壤二普数据），低于同时期华北平原的平均水平（4.6～6.4 g/kg），远低于其他农业产区及中国农田的土壤有机碳平均水平（9.6～11.3 g/kg）。自20世纪80年代以来，随着技术进步和科学化管理措施的实施，中国盐碱农田耕作环境发生了巨大变化，土壤肥力水平显著改善，作物产量不断提高，盐碱农田土壤已经开始向碳汇转变。然而，这种转变的趋势必须要有长期的投入和可持续的调控与管理，才能形成长效和稳定的生产力，并且可以进一步开发其潜在的固碳能力。现有相关技术对盐碱地作物的增产基本建立在高水肥投入的基础上，增产不增效，且难以维持较高的土壤固碳能力。此外，盐碱胁迫对滨海盐碱地土壤有机碳动态变化造成更大的不确定性，经过综合治理，该区域的农田土壤碳汇功能是否已经显现，以及碳固存现状如何，仍然缺少相应的研究。这也为进一步开发盐碱土壤碳汇潜力带来难度。

本章聚焦于黄河三角洲地区农田土壤有机碳的主要特征，通过中国科学院地理科学与资源研究所黄河三角洲研究中心在该区域的长期观测数据，探索1980年黄河三角洲地区农业集约化发展以来滨海盐碱区农田土壤有机碳储量的变化；量化土壤性质、自然条件和农业政策对滨海盐碱区农田土壤有机碳储量的影响；确定长期耕作的滨海盐碱区农田土壤有机碳储量变化的主要驱动机制，以期为黄河三角洲滨海盐碱区农田土壤碳管理提供科学的决策依据。

本研究区位于中国黄河三角洲地区（37.42～37.74°N，118.27～118.86°E），是黄河入海口携带泥沙在渤海凹陷处沉积形成的冲积平原，也是世界上最年轻的三角洲。土壤具有含盐度高、肥力低、透气性差、板结等特点，是典型的滨海河口农区。黄河三角洲属于温带季风气候，年平均温度13.7℃，年降水量为582.6 mm，年蒸发量常年在1 800 mm以上，远大于年降水量，造成土壤盐分在表层累积，进一步加重土壤盐碱化。玉米—小麦轮作大约占据该地区的农作物生产的43%，而单作棉花是该地区典型的单作种植制度。

4.1 滨海盐碱区土壤有机碳变化特征

自1980年以来，滨海盐碱农田作为典型的中低产田是国家一系列农业政策和工程的重点改造对象，经过去盐碱、提高灌溉、农业集约化、秸秆还田补贴等一系列措施实现了滨海农田的集约化发展。现有的研究多借助20年或30年间隔时间的重采样来揭示中国各地区农田碳储量的变化。然而土壤碳储量的动态变化监测多集中在中高产田，尚且缺少针对滨海特定农田生态系统碳动态的研究。更重要的是，与间隔采样不同，连续多年的持续采样监测是了解每年土壤碳动态，发现其土壤固碳机制的重要基础。自2010年以来，我国农田发展在新的阶段应更加专注于农田生态服务的保护，即在保障粮食产量的同时，实现减少面源污染和温室气体排放，一系列措施包括减少无机化肥施用，降低大气污染防治等都将对土壤固碳产生复杂的影响。此外，滨海盐碱农田受陆海交互、地下水位波动影响，这也为农田土壤碳和养分动态带来更多的不确定性。因此本章作为滨海盐碱农田碳库特征研究的首个环节，将以黄河三角洲滨海农田的历史数据（1980年代）和连续农田监测数据（2007—2020年）为基础，探索当地两个典型农作种植系统（棉花单作和玉米—小麦轮作）1980—2020年土壤有机碳储量，以及土壤养分和pH的动态变化趋势。

4.1.1 历史数据收集与长期观测数据

4.1.1.1 历史数据收集

我们基于20世纪80年代的第二次全国土壤普查数据收集了基于1980年位

于黄河三角洲的山东垦利区的县级土壤信息，共计22 487条土壤有机碳、养分和农田管理数据，在其中我们选择0～20 cm作为农田土壤的研究深度，计算得到各农田土壤养分的平均值，包括土壤有机碳（g/kg），土壤全氮含量（g/kg），土壤有效磷和有效钾（mg/kg），此外还包括土壤容重（g/cm³）和pH。我们使用这些农田的历史采样数据作为基准，用来分析40年间农田滨海盐碱农田开发0～20 cm土壤碳储量及其他养分的变化特征。

4.1.1.2 长期观测数据

中国科学院地理科学与资源研究所黄河三角洲研究中心在该研究区内，于2007年开始建设了17个农田长期观测站，包括了9个长期小麦—玉米轮作农田（WM）和8个长期棉花单作农田（SC）（图4-1，表4-1）。

长期观测数据详细记录每年农作措施详情，包括施用化肥和有机肥的具体量，并将其折算成氮、磷、钾输入量（kg/hm²），灌溉量，种植时间等。同时记录了试验点位距离水体（黄河和渤海）的距离、土类，包括潮土、盐化潮土、盐碱土和淤灌土，并按照当地当年的其他常规农田进行相同的种植，施肥和灌溉处理。其中小麦—玉米轮作每年6—10月种植玉米，10月至翌年6月种植小麦；棉花农田每年5—10月种植棉花，其余时间休耕。由于棉花农田在2017年后休耕，其采样数据仅为2007年到2017年。

表4-1 黄河三角洲长期农田观测点位地理要素信息

点位	经纬度	种植系统	土壤质地	土壤类型	容重（g/cm³）	高程（DEM）（m）	D_1（km）	D_2（km）
1	118.357°E，37.421°N	小麦—玉米	壤土	盐化潮土	1.53	11	38.79	10.07
2	118.391°E，37.443°N	小麦—玉米	壤土	盐化潮土	1.53	6	36.71	10.23
3	118.430°E，37.469°N	小麦—玉米	壤土	盐化潮土	1.53	4	34.70	11.71
4	118.275°E，37.485°N	小麦—玉米	壤土	盐化潮土	1.53	11	47.94	0.39
5	118.275°E，37.479°N	小麦—玉米	壤土	淤灌土	1.52	13	47.68	0.74
6	118.269°E，37.444°N	棉花	壤土	淤灌土	1.54	11	46.99	1.92
7	118.390°E，37.468°N	棉花	壤土	淤灌土	1.54	6	37.82	8.59

（续表）

点位	经纬度	种植系统	土壤质地	土壤类型	容重(g/cm³)	高程(DEM)(m)	D_1(km)	D_2(km)
8	118.439°E，37.519°N	小麦—玉米	壤土	盐化潮土	1.54	8	36.86	10.23
9	118.396°E，37.542°N	小麦—玉米	壤土	盐化潮土	1.52	6	41.39	6.78
10	118.417°E，37.526°N	小麦—玉米	壤土	盐化潮土	1.53	10	38.87	9.05
11	118.417°E，37.504°N	小麦—玉米	壤土	盐化潮土	1.53	10	38.91	6.49
12	118.431°E，37.421°N	棉花	砂壤土	盐土	1.43	5	32.49	14.59
13	118.539°E，37.548°N	棉花	壤土	潮土	1.53	4	31.87	5.92
14	118.722°E，37.687°N	棉花	砂壤土	盐化潮土	1.43	4	18.66	4.95
15	118.749°E，37.564°N	棉花	砂壤土	盐化潮土	1.42	4	15.76	14.68
16	118.779°E，37.608°N	棉花	砂壤土	盐土	1.42	2	14.33	13.88
17	118.791°E，37.680°N	棉花	壤土	盐化潮土	1.53	5	13.79	6.66

注：D_1和D_2分别是指农田距黄河和渤海的距离（km）

4.1.2 土壤有机碳储量变化趋势

研究识别了1980到2020年小麦—玉米轮作（WM）和单作棉花（SC）的土壤有机碳储量的变化（图4-1）。结果表明，14年间长期的小麦—玉米轮作平均土壤碳储量为20.81 Mg C/hm²，11年间单作棉花农田平均土壤碳为18.83 Mg C/hm²。两种种植模式土壤平均固碳速率分别为每年0.38 Mg C/hm²和0.28 Mg C/hm²，其中小麦—玉米轮作的固碳速率是单作棉花的1.36倍。农田平均碳储量与1980年相比（13.38 Mg C/hm²），40年来小麦—玉米轮作和单作棉花两种种植模式有机碳储量各增加了10.05 Mg C/hm²和7.44 Mg C/hm²，平均增速为每年0.25 Mg C/hm²和0.20 Mg C/hm²。

2007—2012年两种种植模式的土壤有机碳储量稳定上升，其中单作棉花土壤有机碳从18.46 Mg C/hm²增长到20.73 Mg C/hm²，小麦—玉米轮作土壤有机碳从17.78 Mg C/hm²增长到19.04 Mg C/hm²。然而2013—2015年两种种植模式土壤有机碳储量都产生了不同程度的下降，其中单作棉花土壤有机碳在2013年20.21 Mg C/hm²，小麦—玉米轮作土壤有机碳从19.04 Mg C/hm²下降到18.57 Mg C/hm²。2015年之后，两种种植模式下的土壤有机碳储量均进入快速增长期，小麦—玉米轮作土壤有机碳储量从2016年的20.75 Mg C/hm²上升到2020年的23.42 Mg C/hm²，单作棉花土壤有机碳储量上升到2017年的20.81 Mg C/hm²。

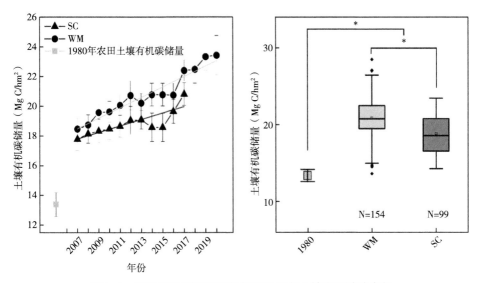

图4-1 滨海盐碱农田两种种植制度40年土壤有机碳的变化

注：SC和WM分别指单作棉花农田和小麦—玉米农田；N表示数据总量

4.1.3 土壤养分和pH变化趋势

1980年以来土壤养分在两种滨海盐碱区种植模式上均有显著的上升趋势（表4-2）。40年间土壤pH显著增加，小麦—玉米轮作下从7.17增加到8.15，单作棉花下土壤pH值从7.17增加到7.96，但两种种植模式间的土壤pH没有显著性差异。土壤全氮储量、速效磷和速效钾在两种农田40年间都有显著的提高，且小麦—玉米轮作下三种土壤养分指标均显著高于单作棉花（$P<0.05$）。多因素方差分析结果表明，种植模式和年份并没有显著的互作效应。近10年土壤全氮储量和速效钾含量趋于稳定，而速效磷含量显著上升。其中小麦—玉米轮作下，2018年后土壤速效磷含量（22.08～23.50 mg/kg）显著高于2007—2017年的速效磷含量（13.88～19.79 mg/kg）；单作棉花下，2016年后的土壤速效磷含量（13.93～14.39 mg/kg）显著高于2008年以前的速效磷含量（3.33～8.45 mg/kg）。

演变过程篇

表4-2 黄河三角洲滨海盐碱区农田土壤养分变化趋势

年份	pH		速效磷* (mg/kg)		速效钾* (mg/kg)		全氮储量* (Mg N/hm²)	
	小麦—玉米	单作棉花	小麦—玉米	单作棉花	小麦—玉米	单作棉花	小麦—玉米	单作棉花
1980	7.17±0.29c	7.17±0.29b	3.33±2.12d	3.33±2.12d	79.18±51.93b	79.18±51.93b	1.54±0.29d	1.54±0.29b
2007	7.82±0.18b	7.88±0.17a	13.88±9.38c	7.33±5.05c	180.73±59.35a	147.11±55.53a	2.35±0.60b	1.85±0.67a
2008	7.90±0.15b	7.93±0.21a	12.47±6.65c	8.45±1.86bc	171.64±34.31a	147.78±31.49a	2.29±0.47bc	1.80±0.51a
2009	7.91±0.21b	7.96±0.21a	13.24±6.00c	11.35±1.55ab	178.09±33.06a	163.22±32.46a	1.88±0.43c	1.68±0.39a
2010	7.91±0.13b	7.94±0.14a	13.90±6.28c	11.30±1.78ab	171.00±46.95a	166.00±32.26a	1.95±0.45c	1.69±0.40a
2011	7.88±0.15b	7.97±0.16a	14.90±7.31bc	10.98±2.25b	182.36±26.98a	169.11±33.79a	2.03±0.47bc	1.74±0.42a
2012	7.85±0.19b	7.99±0.20a	16.39±5.90bc	12.36±2.54ab	173.73±28.82a	163.44±27.99a	2.13±0.41bc	1.75±0.34a
2013	7.84±0.19b	7.92±0.20a	16.87±6.39bc	12.18±2.40ab	173.65±30.88a	166.88±32.55a	2.20±0.44bc	1.88±0.44a
2014	7.82±0.21b	8.04±0.17a	19.20±6.94bc	13.24±2.76ab	191.82±27.58a	174.56±34.18a	2.27±0.40bc	1.97±0.47a
2015	7.89±0.16b	7.96±0.16a	20.08±6.75b	12.28±2.88ab	192.00±24.00a	165.67±36.78a	2.26±0.32bc	1.86±0.44a
2016	7.81±0.19b	7.98±0.19a	18.55±5.14bc	13.93±2.19a	180.82±30.92a	174.56±30.33a	2.31±0.26bc	2.04±0.43a
2017	7.67±0.22b	7.96±0.20a	19.79±6.26bc	14.39±2.49a	192.25±35.89a	176.45±36.30a	2.24±0.42bc	1.96±0.45a
2018	7.90±0.21b	/	22.08±6.95a	/	195.37±39.76a	/	2.46±0.41b	/
2019	7.96±0.27b	/	23.14±6.61a	/	199.00±98.34a	/	2.71±0.36a	/
2020	8.15±0.14a	/	23.50±10.42a	/	206.95±40.63a	/	2.49±0.44b	/

注：*表示小麦—玉米轮作和单作棉花两种种植模式之间的土壤养分具有显著性差异（P<0.05）；同列数据后不同小写字母表示年内处理间差异显著（P<0.05），a、ab、b、bc、c依次为显著性水平由大到小

4.1.4　结论与展望

　　随着40年来黄河三角洲地区农田开垦利用，其土壤有机碳整体呈现碳汇，并且到目前，总体上一直处于土壤机碳储量的上升阶段。在本研究中，黄河三角洲地区农田平均（1980—2020年）固碳效率约为每年0.063 g C/kg，这一数值略高于1980年以来中国农田的平均固碳效率（每年0.056 g C/kg），但仅达到黄河下游地区农田固碳效率（每年0.11 g/kg）的57%。说明在黄河下游地区，滨海盐碱区农田相较于引黄灌区的高产农田来看固碳速率亟待提高。一般认为由盐碱荒地开垦为农田后，土壤有机碳在最初的几年中土壤固碳速率是最高的，随后速率放缓，而我们发现滨海盐碱区农田近14年是快速增碳期，碳储量增速为每年0.22 Mg C/hm^2，约为2007年以前平均固碳效率（每年0.12 Mg C/hm^2）的1.83倍，其固碳速率呈现逐渐升高的趋势。这主要是因为近40年以来中国农业处于快速转型时期，在复垦初期（1980—2000年）秸秆焚烧普遍导致还田量有限，限制了初期的土壤碳积累速率，2000年后由于政府主导出台秸秆还田补贴政策，农田土壤碳输入增加从而促进了碳累计速率。同时，在本节中，我们还观察到两种种植模式在2013年前后土壤碳储量发生了短暂的波动下降，推测是由于2013年起环渤海地区开展"渤海粮仓"科技示范工程，短期内改变了滨海农田的水利设施或改变作物品种等农业措施造成了一定的土壤扰动，粮食增产的同时暂时牺牲了一定的土壤固碳量。然而长期来看，滨海农田将保持稳定的碳汇趋势。随着农田逐年投入肥料进行农业生产，目前土壤养分与1980年相比有明显的提升。小麦—玉米轮作农田由于每年较高的施肥量导致其整体的养分水平均要高于单作棉花农田。值得注意的是，滨海盐碱区农田pH在40年间有0.89～0.98的增长幅度，土壤碱化问题可能会对农业生产带来潜在的危害。

　　小麦—玉米轮作农田土壤碳储量比单作棉花农田增加8.4%，固碳效率增加35.7%。虽然有研究表明轮作会导致更频繁地翻耕，进而导致更多的土壤碳损失，但黄河三角洲地区2000年后当地小麦和玉米残留物全部还田，作物覆盖为土壤提供了更多外源碳的投入，且这一数值远大于每年碳的损失，因此小麦—玉米轮作土壤固碳效率更高；另一方面，棉花地土壤碳的累积受到限制。当地棉花生产过程中地上生物量在收获后被全部去除，仅有地下部留在田中，且冬季和春季相较于土壤作物覆盖状态下，休耕使得土壤水分大量蒸发，为土壤表面带来盐分累积，抑制了棉花农田的生物量形成。此外，棉花作为木本植物常常含有更多的木质素，给微生物利用分解带来限制。因此，在黄河三角洲滨海盐碱区小麦—玉米轮作能够通过增加生物量和减少水分蒸发缓解地表积盐促进农田土壤碳汇,具有更高的固碳效率。

4.2 环境因子、人为活动与滨海盐碱区土壤有机碳变化

滨海盐碱农田自1980年以来的长时间农业集约化发展已经对土壤碳库产生了较大影响,这一点已在上一章内容中被证实。目前已有大量的研究表明,农田土壤碳库受到自然环境和人为输入条件的高度调控。然而关于土壤养分、施肥措施等对土壤碳库的长期定位试验多集中在高产农田(如华北平原、东北平原等),很少有研究将地形因子、土壤盐分、农业政策等与土壤碳库联系的系统性长期分析。本节将以黄河三角洲长期试验农田为基础,综合收集其环境和人为因素等数据,分析滨海盐碱农田长期耕作的情况下土壤碳库受各因素限制的变化特征,定量解析各因子对滨海农田土壤碳库的限制效应。

4.2.1 土壤性质对土壤有机碳储量变化影响

通过土壤有机碳储量与土壤养分性质的相关性分析(图4-2)发现,无论是小麦—玉米轮作农田还是单作棉花农田其土壤有机碳储量和全氮储量(R^2=0.372)、速效钾(R^2=0.361)都有极显著的正相关性($P<0.01$),但单作棉花农田与二者的相关性要略低(R^2分别为0.141和0.04)。具体来看,在小麦—玉米轮作农田,土壤有机碳储量与氮素的具体线性关系为,即每提升1 Mg N/hm^{2}的氮储量会伴随0.11 Mg C/hm^{2}的土壤有机碳储量提升;土壤有机碳储量与速效磷的具体线性关系为($y=x-4.06$);与速效钾的具体线性关系为($y=8.65x+5.05$)。且两种农田土壤有机碳储量与土壤pH并无显著相关性。

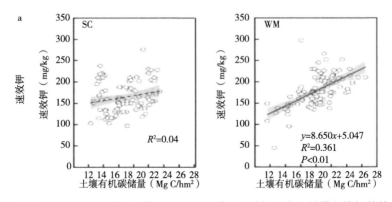

图4-2 土壤有机碳储量和土壤性质(速效磷、速效钾和全氮储量)的相关关系

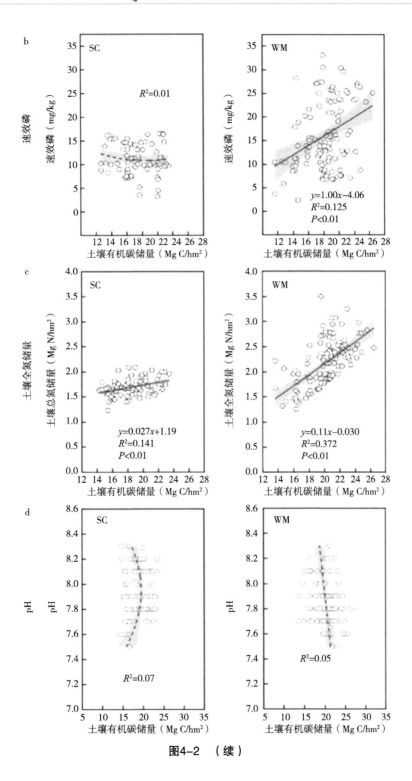

图4-2 （续）

演变过程篇

在黄河三角洲滨海盐碱农田，土壤盐分和土壤类型对土壤有机碳固持有显著影响（图4-3）。在小麦—玉米轮作农田淤灌土平均土壤碳储量为17.83 Mg C/hm²，显著低于盐土（21.44 Mg C/hm²）和盐化潮土（20.36 Mg C/hm²）；在单作棉花农田潮土碳储量为20.95 Mg C/hm²，显著高于淤灌土（18.22 Mg C/hm²）和盐土（16.34 Mg C/hm²）。对于盐分胁迫的响应两种种植制度表现出不同的结果，单作棉花农田土壤碳储量随着盐分升高而下降，在盐分0.5‰～1.0‰时为22.07 Mg C/hm²，随着盐分上升，土壤碳储量逐渐减少到19.19 Mg C/hm²（1.0‰～1.5‰）和18.20 Mg C/hm²（1.5‰～2.0‰）。而小麦—玉米轮作农田土壤随盐分上升碳储量先上升，在盐分1.5‰～2.0‰时达土壤碳储量最大值22.33 Mg C/hm²，之后也显著下降。

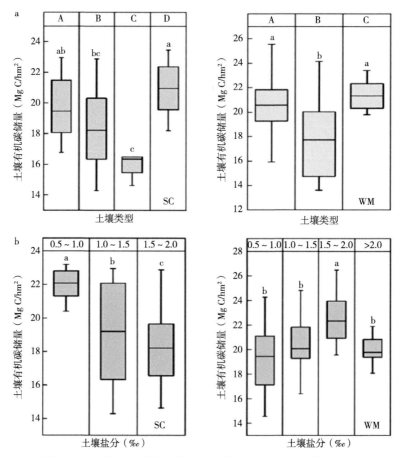

图4-3　两种种植制度土壤有机碳储量在不同土壤类型（a）和土壤盐分（b）下的变化

注：土壤类型中A、B、C和D分别指盐化潮土、淤灌土、盐土和潮土

演变过程篇

4.2.2 环境因素对土壤有机碳储量变化影响

我们探究了距离河海远近对单作棉花（SC）和小麦—玉米轮作（WM）两种植制度土壤固碳的影响（图4-4）。对于单作棉花农田，当农田距离黄河较远（7~15 km）时，土壤有机碳储量为17.72 Mg C/hm²，显著低于靠近黄河（0~7 km）的单作棉花农田土壤有机碳储量（19.71 Mg C/hm²）；单作棉花农田距离海洋较近时（5~15 km）土壤碳储量显著高于远离海洋（30~50 km）的农田，二者碳储量分别为20.10 Mg C/hm²和18.13 Mg C/hm²。而小麦—玉米轮作农田距海洋远时反而土壤有机碳储量提高，从19.07 Mg C/hm²提高到20.44 Mg C/hm²，黄河远近的影响并不显著。对于地形因子，在两种农田都观察到随着地形湿度指数（TWI）越高，两种作物农田碳储量都显著提高，对于单作棉花农田，当TWI>12时，土壤碳储量达到最高的22.07 Mg C/hm²，在小麦—玉米轮作农田，TWI>9时土壤碳储量最大为20.58 Mg C/hm²。而坡度越大，两种作物农田碳储量呈现降低的趋势，对于单作棉花农田当坡度大于0.7时土壤有机碳储量降低了3.28 Mg C/hm²。而对于小麦—玉米轮作农田，当坡度大于0.7时土壤有机碳储量降低幅度略小，为2.03 Mg C/hm²。

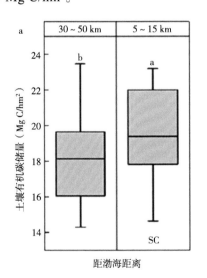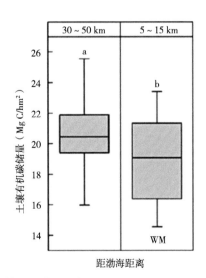

图4-4　两种种植制度土壤有机碳储量在不同
距渤海距离（a），距黄河距离（b），地形湿度指数（c）和坡度下的变化（d）

演变过程篇

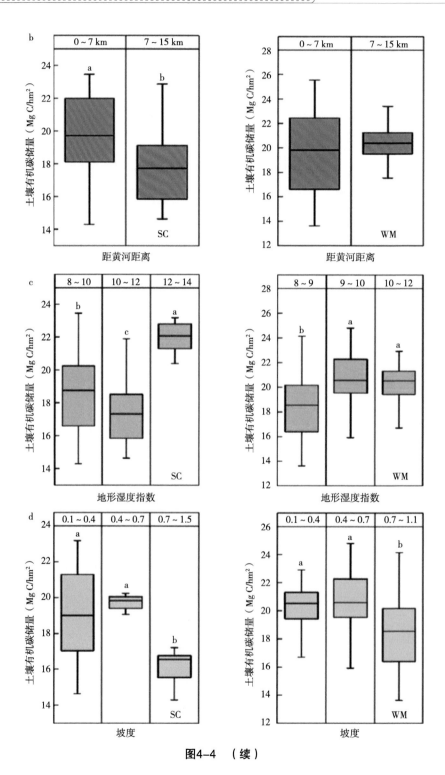

图4-4 （续）

4.2.3 人为因素对土壤有机碳储量变化影响

对于作物碳输入（图4-5a），单作棉花农田在作物高量碳输入（HCI）情形下的农田平均土壤有机碳储量为18.03 Mg C/hm²，显著低于作物低量碳输入情景（LCI）的农田土壤有机碳储量（19.74 Mg C/hm²）。而对于小麦—玉米轮作农田碳输入量对应的土壤有机碳储量关系为作物中量碳输入（MCI，21.89 Mg C/hm²）>高量输入（HCI，19.63 Mg C/hm²）>低量输入（LCI，18.50 Mg C/hm²）。年份因子（图4-5b）可以反映特定时期农业政策的影响。我们发现小麦—玉米轮作农田下的土壤有机碳储量在2010—2015年（渤海粮仓工程）开始就显著提升，从之前2005—2010年（测土施肥）的19.09 Mg C/hm²上升到20.81 Mg C/hm²。单作棉花农田土壤有机碳储量在2015—2020年（化肥零增长行动）开始才会有显著的提升，达到20.23 Mg C/hm²。

演变过程篇

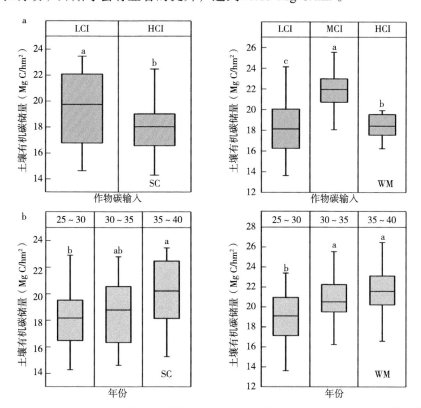

图4-5 两种种植制度土壤有机碳储量在不同作物碳输入（a）和年份（b）下的变化

注：LCI、MCI和HCI分别指作物碳输入的低输入量、中等输入量和高输入量；年份是指距1980年的年份，如25~30指2005—2010年，依此类推

4.2.4 结论与展望

本节量化并比较了土壤盐分对黄河三角洲地区滨海盐碱区两种典型种植模式下土壤有机碳储量的长期影响，发现随着盐分提高（0.5‰~2.0‰），连续棉花单作下土壤有机碳储量显著降低了17.5%，而在小麦—玉米轮作农田低盐（1.5‰以下）和高盐（2‰以上）环境下土壤有机碳储量比盐分在1.5‰~2‰时显著降低了11.7%。我们的研究证实，农业生产过程中土壤盐分和有机碳储量的关系并不是传统观点上简单的负相关，发现在小麦—玉米种植制度下降低土壤盐度在一些情形下并不会提高土壤有机碳含量。造成这一现象的可能解释是，盐分较低时升高首先会降低土壤中微生物活性，从而抑制土壤有机碳矿化作用，而随着盐分进一步提高，农作物生物量形成会受到明显抑制，此时大幅降低了土壤外源碳输入；盐分进一步升高会降低土壤团聚体对土壤有机碳的物理保护，从而使水盐运移加剧加速了土壤碳的流失，这些都导致了土壤有机碳储量的下降，形成在小麦—玉米长期农田中等盐分含量时土壤碳储量最高的情况。在连续棉花农田的长期耕作中，土壤盐分梯度与土壤有机碳是明显的负相关关系。这种响应差异的原因可能是不同的土地利用下土壤微生物种类和其对盐分适应性的差异。总之，在适当的盐分条件下，小麦—玉米轮作可以弱化盐分对有机碳矿化的负面影响。

农田环境特征（地理要素，土壤类型和气候条件等）是难以在耕作过程中被人为改变的，却对农田生产和有机碳固存有重要的影响。我们发现棉花农田距海洋的距离较远（30~50 km）时相较于距离较近（5~15 km）时土壤有机碳储量降低了6.4%。同样的，当棉花农田距黄河较远（7~15 km）时相较于距离较近（0~7 km）时土壤有机碳储量降低了10.1%。这主要是由于水分可利用性和黄河冲刷携带的泥沙中的有机质促进了农田作物生长，从而促进土壤中的碳投入。地形湿度指数（TWI）的提出是为了能够定量描述区域水分空间分布状况，高TWI的农田往往容易产生水分汇流，具有更优越的集水条件，从而增加作物水分可利用性，促进土壤碳的积累。以往的研究发现，TWI一般与土壤有机碳含量呈显著正相关，这也与本节的研究结果一致。

过去几十年来，中国由于长期的草地保护和生态工程建设（如退耕还林、退牧还草等）等土地保护政策，促进了陆地生态系统的碳汇。但对于农田来讲，除粮食增产和日益重要的生态保护的权衡外，日益增长的人口和有限的耕地也限制了农田土壤增碳的具体可行措施的实施。我们的研究发现年份与土壤有机碳的关系证明了区域上的农业政策和农业工程（表4-3）整体上看都不同程度地促进了滨海农田的土壤固碳，也进一步说明在滨海盐碱农田实施更加专业化和精细化的农田固碳相关政策和工程是十分可行和重要的。特别地，作物碳输入在高输入的情况下都会降低当年的土壤碳储量，推测在高碳输入的时候，作物当年由于较高的产量消耗了一部分土壤中的有机质，从而导致土壤有机碳下降的情况。

表4-3　黄河三角洲实施农业政策和工程的具体描述

政策名称	起始年份	简述
土壤测土施肥	2004	根据土壤肥力的测定和综合评价来施肥以节约成本和效率
"渤海粮仓"示范工程	2013	改善环渤海地区中低产量农田和盐碱荒地以提高粮食产量
化肥"零增长"行动	2015	解决过度施肥，提高其利用率，减少不合理投入

综上，近10年来黄河三角洲开展了一系列的农业政策和工程措施（如"渤海粮仓"、农业科技工程、测土配方施肥等），都在整体上对提升滨海盐碱农田土壤碳固存起到了积极作用。通过秸秆还田或根系留田，两种农田随着更多的当年外源碳输入土壤，当年土壤碳储量往往会发生暂时的下降，这主要是土壤有机质消耗才生成了当年较高水平的作物生物量。

4.3　滨海盐碱区土壤有机碳变化的驱动机制

前面两节分别介绍了黄河三角洲滨海盐碱区农田土壤有机碳储量的变化，以及在环境因子与人类活动下的变化特征。然而自然因素、土壤性质和人为因素对滨海盐碱区农田土壤有机碳储量动态的驱动机制以及相互关系尚不明晰，为厘清滨海盐碱区农田土壤固碳的驱动机制带来极大的不确定性。因此本节将结合2007—2020年两种种植模式下农田长期土壤有机碳监测数据，通过随机森林模型（RF），明晰滨海盐碱区农田土壤碳储量变化的具体驱动机制。

4.3.1　滨海农田区土壤有机碳储量动态的驱动因子

对滨海农田区土壤有机碳储量动态的随机森林模型解析结果表明，建立的模型分别解释了单作棉花（SC），小麦—玉米（WM）和全部农田土壤有机碳储量变化的75%，60%和72%。单作棉花，小麦—玉米轮作和全部农田的模型结果均具有较好的表现，其中预测均方差（RMSEP）分别为1.22，1.58和1.36；R^2分别为0.75，0.60和0.72；平均百分比误差（MPE）分别为0.031、0.059和0.045（图4-6a，图4-6c，图4-6e）。整体来看，筛选后的因子完全可以解释2007—2020年滨海盐碱区农田土壤有机碳储量的动态变化。

对于全部农田，影响土壤有机碳储量的重要影响因子按照重要性从大到小排序是：土壤全氮储量（28.7%），速效钾含量（17.86%），距黄河距离（16.96%），作物碳输入（16.50%），坡度（16.21%），年份（15.29%），地形湿度指数（14.51%），土壤类型（14.13%），钾肥输入（12.22%）和距海洋距离（12.06%）（图4-6b）。对于单作棉花农田，影响土壤有机碳储量的重要影响因子按照重要性从大到小排序是土壤盐分（16.49%），土壤类型（16.22%），距海洋距离（15.50%），土壤全氮储量（13.07%），速效钾（10.86%），坡度（10.41%），作物碳输入（10.12%），距黄河距离（10.08%），地形湿度指数（8.55%）和钾肥输入（8.01%）（图4-6d）。对于小麦—玉米轮作农田，影响土壤有机碳储量的重要影响因子按照重要性从大到小排序是土壤全氮储量（18.87%），速效钾（14.07%），年份（14.02%），作物碳输入（13.0%），地形湿度指数（8.34%），坡度（8.04%），土壤盐分（7.53%），距黄河距离（6.64%）和土壤pH（5.54%）（图4-6f）。

土壤性质是各种耕作制度农田土壤有机碳储量最重要的影响因素。对于单作棉花来说（图4-6），土壤盐分、土壤类型和全氮储量重要性排名位于前四位，分别为16.49%，16.22%和13.07%。值得注意的是，土壤盐分和土壤类型对小麦—玉米轮作农田影响相对较小；在小麦—玉米轮作农田（图4-6），土壤全氮储量和速效钾的重要性更高，分别为18.87%和14.07%；从全部农田来看，土壤全氮储量是最重要的影响因素（28.7%），远远大于第二重要的速效钾（17.86%）。人为因素方面，作物碳输入对于小麦—玉米轮作（13.00%）来讲重要性要大于单作棉花（10.12%）。钾肥输入有利于单作棉花农田的土壤有机碳固碳的变化（8.01%），而对小麦—玉米轮作农田影响较小（5.09%）。地形因子方面距海洋距离（15.50%）影响了单作棉花农田的土壤有机碳动态，而对于小麦—玉米轮作农田来讲，地形湿度指数（8.34%）和坡度（8.04%）显然是更重要的因素。两种农田均受到距黄河距离的影响，其中对单作棉花农田（10.08%）比小麦—玉米轮作农田（6.64%）有更大的驱动力。

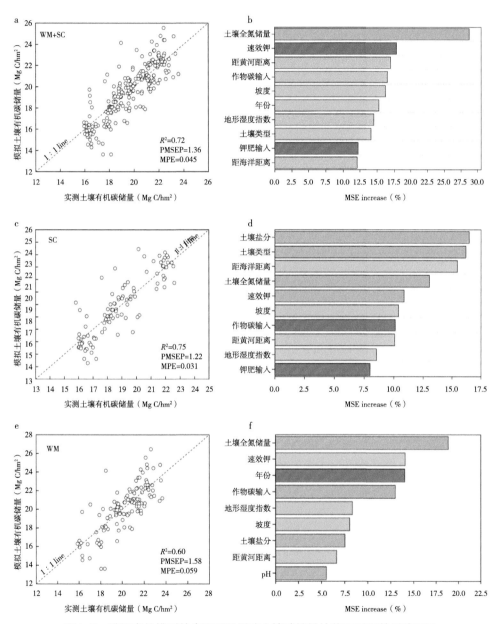

图4-6 随机森林模型的表现以及影响土壤碳储量的前10重要的影响因子

注：图（a）、（c）和（e）分别为玉米—小麦+棉花农田、棉花农田和玉米—小麦农田的模型表现；图（b）、（d）、（f）分别为玉米—小麦+棉花农田，棉花农田和玉米—小麦农田预测农田土壤碳储量的排名前10重要的影响因子

4.3.2 土壤有机碳储量变化驱动因子的重要性排序

基于随机森林模型（图4-7）发现对于滨海盐碱区两种种植模式，相比于作物碳输入，灌溉、施肥量等农田管理措施对土壤有机碳影响相对并不重要（排在影响因素前10以后）。2007—2020年，气候因子（年均温度与年均降水量）对滨海农田区土壤有机碳动态的影响非常弱（<4.13%），而该地区年际间波动较大的地下水位也几乎没有影响到20 cm土壤碳储量的变化（<2.10%）。

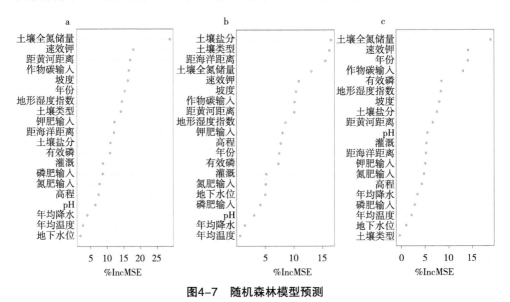

图4-7　随机森林模型预测

注：（a）全部农田；（b）单作棉花农田；（c）玉米—小麦农田

4.3.3　结论与展望

人为输入（作物碳输入、化肥有机肥施用等）和土壤养分含量管理等农田措施是人为高度可控的，是我们研究农田土壤固碳机制应关注的重点。我们的研究发现土壤全氮储量是对全部农田的土壤有机碳储量影响最大的驱动因子（28.74%），其贡献远大于其他因子。同样在黄河下游地区的研究也发现了，过去30年间农田土壤有机碳储量与全氮含量有极显著的正相关性（$P<0.001$），且土壤碳氮同步变化已经在许多研究中得到了证实。土壤速效钾含量是小麦—玉米轮作农田的第二重要的养分因子（14.07%），但却对单作棉花农田影响略小（10.86%）。同样，土壤速效磷含量对小麦—玉米轮作农田土壤碳储量

变化有一定的解释度（8.43%），但对单作棉花农田影响较小。农田土壤速效磷和速效钾含量对土壤有机碳储量的具体影响机制目前鲜有报道，这主要是因为土壤高肥条件下促进了大田作物的生长，土壤碳的植物源输入水平常年维持在较高水平。对于作物碳输入，小麦—玉米轮作农田土壤碳输入对碳固存的作用要大于单作棉花农田，这主要是由两种农田当地秸秆还田率的差异所造成的。另外我们发现，随机森林模型的结果中外源氮、磷和钾输入对农田土壤有机碳的响应较低，但这并不意味着化肥和有机肥的输入对土壤碳没有影响，相反它们是非常重要的因素。造成这一差异的原因是，长期集约化生产有较为恒定的施肥量，这一定程度上弱化了统计模型的影响结果，但施肥可以通过促进作物生长而改变根系输入影响土壤碳库，另一方面外源输入的氮与磷可能改变土壤微生物的计量学平衡，影响土壤碳的矿化从而改变土壤碳库。总体而言，滨海盐碱区长期保持高肥力的土壤有助于土壤碳的固存，这一点在小麦—玉米农田中更加明显。

农田环境特征（地理要素，土壤类型和气候条件等）是难以在耕作过程中被人为改变的，却对农田生产和碳固存有重要影响的特性。土壤温度和湿度通常被认为是土壤有机碳的重要调节因素之一，但我们随机森林模型表明，年均温和年降水量的年际间变化对农田土壤有机碳储量变化影响非常弱。这主要是由于在10余年间区域尺度上的温度和降雨条件往往具有较小的变异性，从而无法对有机碳变化产生影响。在本研究中，揭示地形湿度指数对各种农田点位土壤碳储量的影响要大于年均降水量变化，这也说明了在滨海盐碱农田相比于区域的气候条件变化，土壤微环境对土壤碳储量具有更直接和重要的影响。相较于内陆农田，黄河三角洲地区地下水位较浅，且一年内受气候和海洋影响波动较大。我们的研究并没有发现滨海盐碱农田地下水位与土壤碳储量变化间的显著关系，这可能是由于秋冬季时农田地下水位变化相对较平稳，且我们的研究关注年际变化尺度，地下水位季节波动及其对土壤碳的影响被弱化。

我们的结果证实农民采取适当的行动来帮助实现农业系统固碳是可行的。集约化农业实践，例如过度化肥施用和耕作已被广泛采用提高作物生产力，带来了土壤质量的恶化和滨海盐碱农田的不可持续发展。滨海农田种植制度的选择直接影响到农田土壤的固碳能力，加大在滨海农田小麦—玉米轮作模式的种植面积以替代连续单作的棉花农田是增加土壤固碳可行的途径。小麦—玉米农田的土壤固碳过程对土壤养分更加敏感，因此应该通过更加科学的养分监测，

演变过程篇

并采取提高土壤肥力的必要措施来优化指导小麦—玉米农田碳管理。土壤盐分控制是盐碱农田生产实践中重要环节，然而单纯的追求低盐分似乎不是土壤固碳效率最高的方法，这点尤其应该在小麦—玉米种植模式上注意。由于出色的作物耐盐性，棉花已经成为黄河三角洲地区最重要的单作作物。尽管土壤盐分是调控滨海棉花农田最重要的因子之一，但考虑到处理农田土壤盐分和含盐浅层地下水的成本和困难，降低棉花农田土壤盐分似乎并不是理想的方案。然而，人为调控农田的土壤全氮储量、速效磷、速效钾和作物碳输入是提高农田土壤有机碳库的有效方法。因此，我们建议鼓励农民通过政策补贴增加有机肥的用量，以实现碳封存，因为有机肥可以直接满足土壤养分和作物碳的投入要求。除此之外，还应该通过探寻滨海农田棉花木本秸秆还田的最优技术或政策补贴来提高棉花还田率，增加土壤外源碳输入以实现固碳。我们的研究也证实了各阶段的农业政策对土壤碳储量的影响，在当前把滨海农业集约化向可持续化发展过渡的阶段，需要政府和农民的共同努力以实现土壤碳固存政策的推出和实施。我们的研究探究了黄河三角洲滨海农田土壤有机碳的动态机制，然而不同地区在最适当的做法上可能有所不同。因此，需要进一步精细化地开展研究来实现特定区域的农田土壤固碳最大化，以开展可持续的全球化滨海盐碱农业生态系统碳管理。

参考文献

白军红，刘玥，赵庆庆，等，2022. 水盐变化对滨海湿地土壤有机碳累积与碳排放的影响综述[J]. 北京师范大学学报（自然科学版），58（3）：447-457.

蔡岸冬，徐明岗，张文菊，等，2020. 土壤有机碳储量与外源碳输入量关系的建立与验证[J]. 植物营养与肥料学报，26（5）：934-941.

韩天富，都江雪，曲潇琳，等，2022. 1988—2019年中国农田表土有机碳库密度变化及其主要影响因素[J]. 植物营养与肥料学报，28（7）：1145-1157.

郝存抗，周蕊蕊，鹿鸣，等，2020. 不同盐渍化程度下滨海盐渍土有机碳矿化规律[J]. 农业资源与环境学报，37（1）：36-42.

李成，王让会，李兆哲，等，2021. 中国典型农田土壤有机碳密度的空间分异及影响因素[J]. 环境科学，42（5）：2432-2439.

罗先香，张贺，贾红丽，等，2017. 黄河三角洲滨海湿地土壤有机碳矿化过程模拟研究[J]. 中国海洋大学学报（自然科学版），47（6）：1-7.

米迎宾，杨劲松，姚荣江，等，2016. 不同措施对滨海盐渍土壤呼吸、电导率和有机碳的影响[J]. 土壤学报，53（3）：612-620.

邵鹏帅，韩红艳，张莹慧，等，2022. 黄河三角洲滨海湿地不同盐分质量浓度下土壤微生物死亡残体的差异[J]. 地理科学，42（7）：1307-1315.

Gao C，Sun B，Zhang T L，2006. Sustainable nutrient management in Chinese agriculture：challenges and perspective[J]. Pedosphere，16（2）：253-263.

Han D R，Sun Z G，Li F D，et al.，2016. Changes and controlling factors of cropland soil organic carbon in North China Plain over a 30-year period[J]. Plant and Soil，403（1-2）：437-453.

Qu C S，Li B，Wu H S，et al.，2012. Controlling air pollution from straw burning in china calls for efficient recycling[J]. Environmental Science and Technology，46（15）：7934-7936.

Tully K L，Weissman D，Wyner W J，et al.，2019. Soils in transition：saltwater intrusion alters soil chemistry in agricultural fields[J]. Biogeochemistry，142（3）：339-356.

Vitousek P M，Naylor R，Crews T，et al.，2009. Nutrient Imbalances in Agricultural Development[J]. Science，324（5934）：1519-1520.

Yao R J，Yang J S，Zhang T J，et al.，2014. Determination of site-specific management zones using soil physico-chemical properties and crop yields in coastal reclaimed farmland[J]. Geoderma，232：381-393.

Zhao Y C，Wang M Y，Hu S J，et al.，2018. Economics-and policy-driven organic carbon input enhancement dominates soil organic carbon accumulation in Chinese croplands[J]. Proceedings of the National Academy of Sciences of the United States of America，115（16）：4045-4050.

Zhou M H，Butterbach-bahl K，Vereecken H，et al.，2017. A meta-analysis of soil salinization effects on nitrogen pools，cycles and fluxes in coastal ecosystems[J]. Global Change Biology，23（3）：1338-1352.

演变过程篇

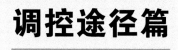

调控途径篇

5 黄河下游引黄灌区平衡施肥技术模式

黄河下游引黄灌区作为我国最重要的小麦—玉米高产区之一，长期以来的高量化肥投入已经对土壤养分循环过程产生了影响，特别是氮肥的投入远超我国其他农区地区，尽管保证了作物产量但同时也带来了大量的环境问题；因此，提高作物产量和养分利用效率是黄河下游引黄灌区地区农业可持续发展的关键。随着我国化肥工业的发展，以及植物营养学等学科的进步，氮磷钾平衡施肥逐渐代替传统以氮肥为主的肥料管理制度，并在黄河下游地区逐渐得到推广；同时在黄河下游引黄灌区的很多长期定位研究已经证明了氮磷钾养分平衡对作物产量提升的重要作用。然而，长期氮磷钾平衡施肥技术对土壤有机碳以及养分特征的变化趋势等需要进一步通过定位试验去验证。此外，对于长期平衡施肥体系下土壤有机碳的变化趋势，很少有研究将气象因子、作物产量、土壤质量以及环境因子等与土壤有机碳特征联系在一起进行系统的分析；因此，本章将以黄河下游引黄灌区一项长期养分平衡试验为研究对象，以试验长期观测数据为基础，结合中国科学院禹城综合试验站气象观测数据、环境因子等观测数据，分析长期养分平衡下土壤有机碳的长期变化特征。

5.1 平衡施肥技术及长期试验

氮、磷、钾是植物生长所必需的三大主要营养元素，它们对于作物的生长、发育和产量形成具有至关重要的影响。合理的氮、磷、钾施肥制度可以提高农作物产量和品质，同时也对土壤肥力的维持和农业的可持续发展起着至关重要的作用。本节重点关注氮、磷、钾平衡施肥技术的理论基础与技术体系，分析过去对于氮磷钾平衡施肥的研究综述，并介绍中国科学院禹城综合试验平衡施肥长期定位试验场的设计与研究意义。

5.1.1　平衡施肥的理论基础与技术体系

　　平衡施肥的概念非常简单，实际上已有150多年的历史。平衡施肥是针对特定作物和农业气候情况，在适当的时间，采用适当的方法，按适当的比例和数量施用植物养分的过程。平衡施肥是提高植物养分利用率、维持土壤生产力的关键。它确保通过适当的方法以最佳数量和正确比例施用肥料，从而维持土壤肥力和作物生产力。在某些情况下，单独使用氮（N）在缺乏磷（P）的情况下无法对作物产量带来明显的增产作用，并且长期单独使用合成氮肥会降低土壤生产力，甚至低于不施肥农田的生产力。过度或不当地施肥可能导致养分的累积或流失，从而破坏土壤肥力平衡和生态平衡，最终导致作物产量低下以及土壤物理状况恶化。目前，就有许多国家和地区由于过去不平衡的施肥制度，导致土壤中中量营养素和微量营养素的缺乏。

　　目前，黄河下游引黄灌区冬小麦—夏玉米轮作体系中，仍存在氮肥施用量较高、养分比例不平衡，基肥用量偏高、一次性施肥面积增加、后期氮肥供应不足，硫锌硼等中微量元素缺乏现象时有发生，土壤耕层浅、保水保肥能力差等问题。根据目前农业农村部、全国农业技术推广服务中心引发的农作物施肥技术意见，目前围绕黄河下游引黄灌区的冬小麦种植，依据测土配方施肥结果，参照《全国小麦产区氮肥定额用量（试行）》，适当调减氮肥用量，合理施用磷钾肥，推广应用配方肥；推荐采用配方复合肥（$N:P_2O_5:K_2O=15:20:10$）基施与追施氮肥的基追结合施肥方案。针对黄河下游引黄灌区夏玉米种植的施肥管理，强调前茬小麦秸秆还田地块以施氮肥为主，配合一定数量钾肥，并补施适量微肥，其中1/3氮肥和全部钾肥、微肥随播种侧深施，其余2/3氮肥于小喇叭口期前后机械侧深施（10 cm左右）。也可采用种、肥异位同播，选用高质量专用控释肥一次底深施。

5.1.2　氮磷钾平衡施肥长期定位试验场

　　养分平衡长期试验场始建于1990年，种植制度为华北平原典型的冬小麦（*Triticum aestivum* L.）—夏玉米（*Zea mays* L.）轮作（图5-1）。试验场共设置1个空白处理，3个单因素养分（氮/磷/钾）亏缺处理，1个NPK平衡处理，即①不施肥处理（CK）；②氮钾处理（NK）；③氮磷处理（NP）；④磷钾处理（PK）；⑤氮磷钾平衡处理（NPK），共5个处理，每处理设4个小区，共

调控途径篇

20个小区，小区面积为5 m×6 m。小区间采用15 cm宽、1 m深水泥隔离带，以确保相邻施肥处理间的独立性。各处理氮、磷、钾用量及其运筹制度等如表5-1所示；其中氮来自尿素（46%），磷来自过磷酸钙（18%）；钾来自硫酸钾（52%）；试验起始期，耕层（0~20 cm）土壤理化性质为：有机质（SOM）=9.38 g/kg，全氮（TN）=0.41 g/kg，全磷（TP）=1.11 g/kg，全钾（TK）=10.72 g/kg，速效钾（Avail. K）=148.95 mg/kg，速效磷（Avail. P）=8.06 mg/kg，碱解氮（Avail. N）=46.11 mg/kg。

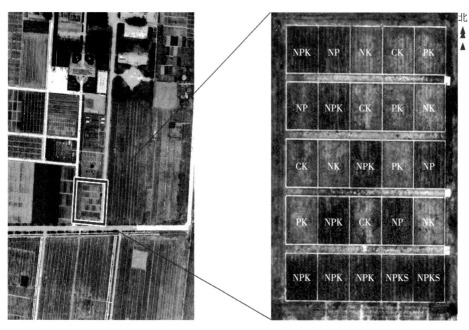

图5-1　养分平衡长期试验场小区分布

表5-1　养分平衡长期试验场各处理施肥量

处理	小麦 [kg/（hm²·a）]			玉米 [kg/（hm²·a）]		
	N	P₂O₅	K₂O	N	P₂O₅	K₂O
CK						
NK	240		120	240		120
NP	240	120		240	120	
PK		120	120		120	120
NPK	240	120	120	240	120	120

待小麦、玉米成熟后，对每小区进行整体采收测产，地上部分全部移出小区，风干脱粒后测定作物籽粒产量，并核算作物秸秆产量。并取一部分籽粒与秸秆样品烘干至恒重后，研磨过0.25 mm筛，以进一步测定养分含量。植物样品氮含量待样品硫酸-高氯酸消煮后，采用凯氏定氮法测定。

从1990年试验开始至今，在每季玉米收获后，采用内径为5 cm的钢制土钻，对各个小区进行样品采集，每小区随机选取5个点，并分为0~20 cm，20~40 cm，40~60 cm三个层次，对样品进行混合处理；土壤样品自然风干后，分别过1 mm与0.25 mm筛，后用于土壤理化性质测定。

土壤有机碳（SOC）含量采用重铬酸钾-浓硫酸外加热氧化法测定；土壤全氮（TN）含量采用凯氏定氮法测定；土壤全磷（TP）含量采用NaOH碱溶-钼锑抗比色法测定；土壤碱解氮（Avail.N）采用碱解蒸馏法测定；土壤有效磷（Avail.P）采用碳酸氢钠浸提法测定；土壤速效钾（Avail.K）采用乙酸铵浸提-火焰光度法测定。

自1990年以来，禹城综合试验站在冬小麦一夏玉米周年生长季，多年平均温度、降水以及潜在蒸散发量分别为13.4℃、537.5 mm与1 021.8 mm；年均最高、最低温度分别出现在2016—2017年（14.4℃）与2002—2003年（12.6℃）；年际总降水量的最高值与最低值分别在2017—2018年（923.0 mm）与2001—2002年（292.1 mm）；年降水整体呈现下降趋势，同时在2010年后年总降水量低于450 mm的年份出现了4次，而在1990年仅为2次，由此可见黄河下游在近30年来干旱程度呈加剧的趋势；禹城试验站站区内的年均潜在蒸散发量同样呈现显著上升的趋势，近30年来年均潜在蒸散发量增长了近100 mm。对于冬小麦一夏玉米周年生长季，多年（29年）平均干燥度指数为2.08，最高值与最低值分别在2001—2002年（3.95）与2003—2004年（1.10）（图5-2）。

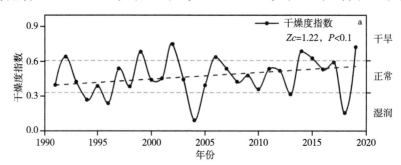

图5-2　禹城试验站站区冬小麦一夏玉米周年生长季平均温度、降水量、蒸散发量及干燥度指数（1990—2019年）

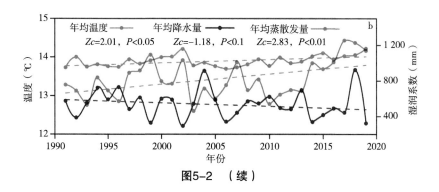

图5-2 （续）

5.2 平衡施肥下土壤有机碳变化及影响因素

5.2.1 土壤有机碳储量

长期定位试验下土壤有机碳库储量变化趋势如图5-3所示。在试验初期，各处理在0~20 cm与0~60 cm土层内土壤有机碳库储量平均为14.2 Mg C/hm²与39.6 Mg C/hm²；随着试验期的推进，土壤有机碳库在0~20 cm与0~60 cm土层内呈现出不同的演化趋势；在2019年，NPK与NP处理土层有机碳库储量在各土层中均为各处理中最高，且显著（$P<0.05$）高于CK与NK处理；但NPK与NP在0~20 cm土层内有机碳库储量为19.8~22.5 Mg C/hm²，相较试验初期增长36.2%~58.1%；而在0~60 cm土层内两者土壤有机碳库储量分别为42.9 Mg C/hm²与39.1 Mg C/hm²，相较试验初期增长10.7%与0.3%。通过Mann-Kendall非参数趋势检验，各处理土壤有机碳库储量在0~20 cm层次内均呈现显著的上升趋势，其中NPK与NP年际变化速率最高（每年0.210 Mg C/hm²与每年0.181 Mg C/hm²），其次为PK处理（每年0.133 Mg C/hm²），而CK与NK处理在29年来土壤有机碳库储量分别增长10.7%与1.3%。在0~60 cm土层内，NPK、NP以及PK处理表现为显著上升趋势且年际变化速率在0.125~0.142 Mg C/hm²；而处理CK与NK在长期试验下呈现显著下降的趋势，相较试验初期分别下降了3.4%与7.5%。此外，表层（0~20 cm）土壤有机碳库对60 cm深度内土壤有机碳库的贡献也随着试验期的推进逐渐上升，在试验初期各处理下表层土壤有机碳库在总碳库中的比例为34.1%~42.6%；而在2016—2019年，表层土壤有机碳库的贡献比例平均为47.3%，特别是NPK与

调控途径篇

NP处理，均超过50%。综上，无论施肥与否表层土壤有机碳库储量均呈现显著上升趋势，但施磷处理（PK、NP与NPK）上升趋势显著高于CK与NK，且两者在0~60 cm深度土壤有机碳库储量呈现下降趋势。

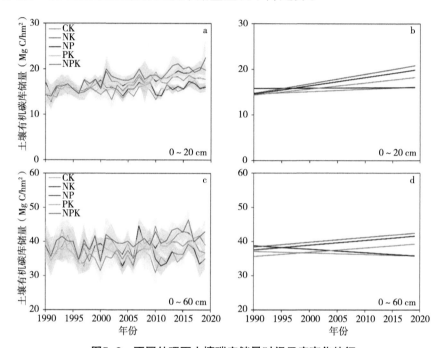

图5-3　不同处理下土壤碳库储量时间尺度变化特征

注：（a）0~20 cm深度内土壤碳库储量时间变化趋势；（b）0~20 cm深度内土壤碳库储量时间变化Mann-Kendall非参数拟合趋势；（c）0~60 cm深度内土壤碳库储量时间变化趋势；（d）0~60 cm深度内土壤碳库储量时间变化Mann-Kendall非参数拟合趋势

5.2.2　土壤全氮库储量

长期定位试验下，0~20 cm表层土壤全氮库与0~60 cm土壤全氮库在不同处理下均表现为上升的趋势（图5-4）。总体来看，试验初期表层土壤总氮库与0~60 cm土壤全氮库储量分别为1.05~1.24 Mg N/hm^{2}与2.84~3.22 Mg N/hm^2；且各处理之间差异并不显著；随着时间的推进，在2019年，NPK处理下土壤全氮库储量在0~20 cm与0~60 cm层次内为2.35 Mg N/hm^{2}与5.44 Mg N/hm^2，且均显著（$P<0.05$）高于CK与NK处理，但与PK和NP之间无显著差异。

由Mann-Kendall趋势检验结果表明在各处理下土壤全氮库储量无论在0~20 cm还是0~60 cm层次均呈现显著上升趋势。在0~20 cm层次内，NK

上升趋势最为平缓，相较试验初期土壤全氮库储量上升29.1%，平均每年增加0.016 Mg N/hm²；其次为CK处理，土壤全氮库处理年际增加速率为每年0.024 Mg N/hm²。而PK、NP以及NPK处理下土壤全氮库储量29年来增加了61.4%~69.1%，年际变化速率为0.031~0.034 Mg N/hm²。在0~60 cm层次中，0~20 cm土层内全氮储量贡献比例在30.2%~49.6%范围内，平均比例为41.1%；且各处理中NK处理年际变化速率仍表现最低（每年0.036 Mg N/hm²），同时PK、NP以及NPK处理下土壤全氮库储量上升趋势最显著，29年来增加了46.4%~55.6%。

综上，无论对于表层土壤还是0~60 cm整体，各处理下土壤全氮库处理均表现为显著上升的趋势，且PK、NP以及NPK处理下土壤全氮库储量年际增长速率最高；此外，在年际增长速率最低的剩余两个处理之间，NK处理均低于CK处理。

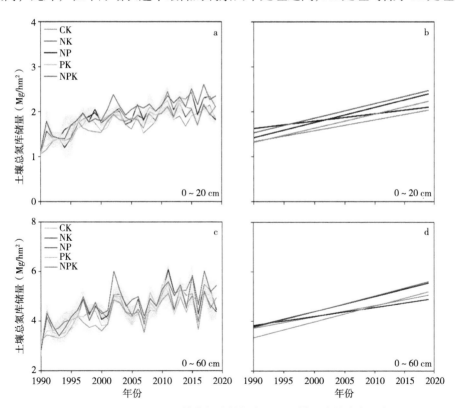

图5-4　不同处理下土壤全氮库储量在不同土壤层次的变化特征

注：（a）0~20 cm深度内土壤全氮库时间变化趋势；（b）0~20 cm深度内土壤全氮库时间变化Mann-Kendall非参数拟合趋势；（c）0~60 cm深度内土壤全氮库时间变化趋势；（d）0~60 cm深度内土壤全氮库时间变化Mann-Kendall非参数拟合趋势

5.2.3　土壤全磷储量

不同处理下土壤全磷库储量在0～20 cm与0～60 cm土层内的变化趋势如图5-5所示。在0～20 cm土层中，试验初期各处理土壤磷库储量为1.29～1.32 Mg P/hm²；随着时间的推进土壤磷库不断上升，在2019年，处理PK土壤磷库储量为4.50 Mg P/hm²，并显著（$P<0.05$）高于其他处理；其次为NPK与NP处理，低于PK处理22.3%与12.7%；而CK与NK处理为1.83～1.95 Mg P/hm²。此外，Mann-Kendall趋势检验结果表明，各处理在29年试验期中土壤磷库储量均呈现上升趋势，其中处理PK上升趋势最为显著，年际变化速率为每年0.086 Mg P/hm²，相较试验初期增加近2.5倍；其次为NP处理与NPK处理，相较试验初期分别增加113.2%与98.3%；而CK与NK处理，年际变化速率低于PK处理87.5%与83.9%，同时相较试验初期增长19.7%～26.1%。在0～60 cm土层中，各处理试验初期土壤磷库储量平均为4.04 Mg P/hm²（3.87～4.12 Mg P/hm²）；在2019年，

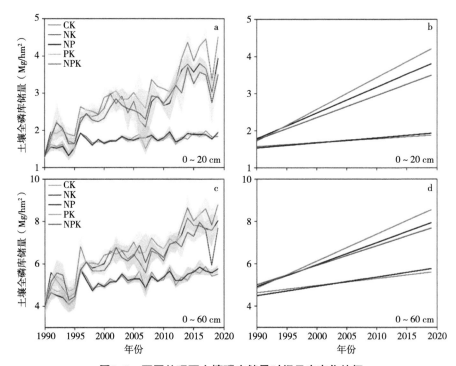

图5-5　不同处理下土壤磷库储量时间尺度变化特征

注：（a）0～20 cm深度内土壤磷库储量时间变化趋势；（b）0～20 cm深度内土壤磷库储量时间变化Mann-Kendall非参数拟合趋势；（c）0～60 cm深度内土壤磷库储量时间变化趋势；（d）0～60 cm深度内土壤磷库储量时间变化Mann-Kendall非参数拟合趋势

PK处理同样表现为各处理最高值，并显著（$P<0.05$）高于其他处理；CK与NK处理同样为各处理中增长速率最低的处理，2019年与试验初期相比，土壤磷库储量增长1.39～1.74 Mg P/hm^2，33.7%～43.1%；同时Mann-Kendall趋势检验结果证实了各处理随着试验期的发展土壤磷库呈现显著上升的趋势，且PK、NP与NPK处理同样表现出较高的年际增长速率，但相对于0～20 cm土层提高了1.5倍左右，因此三个处理之下表层土壤磷库对0～60 cm深度内土壤磷库增长的贡献较大；而处理CK与NK土壤磷库储量年际增长速率为0.033～0.044 Mg P/hm^2，虽然显著低于其他三个处理，但是0～20 cm层次内增长速率的3倍，这表明在这两者处理并没有改变表层土壤磷库对土壤总磷库储量的贡献。

5.2.4 土壤碳氮磷化学计量比

在0～20 cm，各处理试验起始土壤碳氮计量比（C/N）平均为13.6，在2015—2019年，各处理之间并无显著差异，且平均为8.7，相较试验起始下降35.9%；同时在各处理中，以平均年际变化速率计CK与PK处理土壤C/N下降速率最快，NPK处理下降速率最低。在20～40 cm与40～60 cm土层深度中，各处理在试验起始时土壤C/N平均为13.7与10.8，且随着试验期的推进呈现显著下降趋势，各处理相较试验起始在两个土层内平均下降28.1%与27.9%；且PK处理在各处理中表现为下降速率最快的处理，NPK处理为下降速率最缓慢的处理。综上，无论施肥与否，多年连续种植均导致了土壤C/N的下降，而PK组合相对其他养分添加能加剧土壤C/N的下降趋势，而NPK平衡会缓解这一趋势（图5-6）。

土壤碳磷化学计量比（C/P）在不同处理下的变化趋势如图5-7所示。不同养分组合对表层（0～20 cm）土壤C/P的影响较为显著，各处理在长期试验下均表现为显著下降的趋势；在试验起始各处理土壤C/P平均为11.2，随着试验的推进，处理NK与CK在各处理中下降趋势最缓慢，且在多数年份均显著（$P<0.05$）高于其他处理；MK趋势检验结果同样证实CK与NK处理在各处理中下降速率最低；同时PK处理为各处理中下降趋势最快的处理，在1991—1995年，土壤C/P平均为8.3，而在2016—2019年，PK处理下土壤C/P为4.5。在20～40 cm与40～60 cm，各处理同样呈现显著下降趋势，但各处理对土壤C/P下降趋势的影响并不显著，各处理的土壤C/P平均值分别从试验起始的9.7与7.7，下降至2016—2019年的5.4与5.0。综上，长期试验均导致了不同深度下土壤C/P的下降，但不同养分添加仅对表层土壤影响显著，其中PK加剧了土壤

C/P的下降趋势，而不施磷处理（CK与NK）处理却能缓解这一趋势。

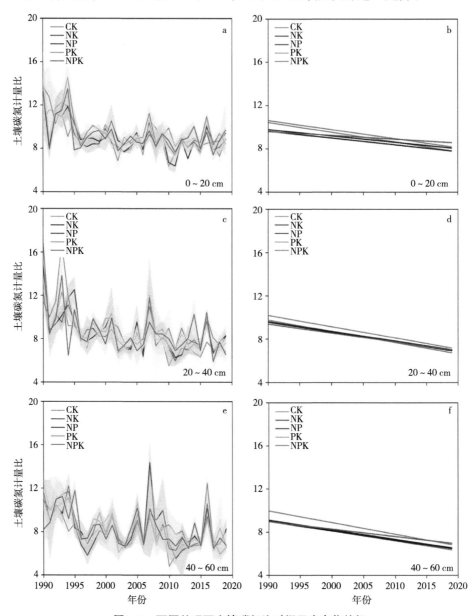

图5-6　不同处理下土壤碳氮比时间尺度变化特征

注：（a）0～20 cm深度内土壤C/N时间变化趋势；（b）0～20 cm深度内土壤C/N时间变化Mann-Kendall非参数拟合趋势；（c）20～40 cm深度内土壤C/N时间变化趋势；（d）20～40 cm深度内土壤C/N时间变化Mann-Kendall非参数拟合趋势；（e）40～60 cm深度内土壤C/N时间变化趋势；（f）40～60 cm深度内土壤C/N时间变化Mann-Kendall非参数拟合趋势

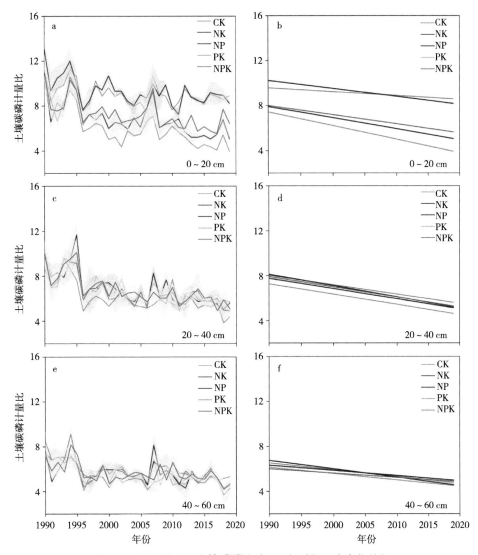

图5-7　不同处理下土壤碳磷比（C/P）时间尺度变化特征

注：（a）0~20 cm深度内土壤C/P时间变化趋势；（b）0~20 cm深度内土壤C/P时间变化Mann-Kendall非参数拟合趋势；（c）20~40 cm深度内土壤C/P时间变化趋势；（d）20~40 cm深度内土壤C/P时间变化Mann-Kendall非参数拟合趋势；（e）40~60 cm深度内土壤C/P时间变化趋势；（f）40~60 cm深度内土壤C/P时间变化Mann-Kendall非参数拟合趋势

5.2.5　结论与展望

对于长期施肥试验的研究，无论是在国际还是国内，都已经有很多共识性的结论，而且矿质化肥的长期施用下，大部分的试验结果认为土壤有机碳库会呈现保持平衡或者略有增加的趋势；本研究中氮磷钾平衡施肥处理不同层次内土壤有机碳库储量29年来增加了36.2%~58.1%。同时，很多对于我国黄河下游潮土区的定位研究，同样证实了土壤有机碳库在养分添加下的增长趋势。因此，各土层内土壤有机碳储量无论养分添加与否，在长期试验下均表现为显著上升的趋势，且磷添加能够促进土壤有机碳库的年际增长速率。

长期养分添加会显著影响土壤碳、氮、磷的转化与迁移机制，进而造成农业面源的环境污染问题，而土壤C：N：P化学计量比也是土壤稳定性的前提与基础，不仅能够反映养分平衡状况，同时也与土壤微生物内稳性机制息息相关。在本项研究中，多年连续种植均导致了土壤C/N与C/P的下降，而磷添加会加剧C/N与C/P的下降。在一些长期定位的研究中，认为长期化肥的施用会加速土壤氮的消耗，同时化肥无法补充土壤有机氮库，因此会导致土壤C/N的升高，这一结论与本研究的结果相悖。而且，在我们的研究中，并没有发现土壤氮库的下降趋势，且土壤碳库与氮库均出现了上升趋势，而C/N的下降则反映了土壤氮库的积累速率超过了土壤碳库的积累速率。土壤C/N反映了有机质的分解与碳损失的潜力，在本项研究中证实了旱作农田在长期化肥施用下碳的消耗速率高于氮的消耗，且在前人的研究中同样发现长期施肥下土壤C/N的下降，并且同样将其归因于无机氮输入加剧的土壤矿化效应，加速了土壤碳的分解。

5.3 作物产量对长期平衡施肥模式的响应

5.3.1 小麦—玉米周年产量

养分平衡长期试验场各处理下1991—2019年小麦—玉米周年产量变化趋势如图5-8所示。其中CK、NK以及PK处理小麦—玉米周年产量始终处于较低水平，小麦—玉米周年产量为每年975.6~6 104.2 kg/hm²，三个处理多年平均产量分别为2 245.3 kg/hm²、2 444.9 kg/hm²和3 299.9 kg/hm²；而NPK与NP处理小麦—玉米周年产量始终处于较高水平，多年平均产量分别为每年11 413.6 kg/hm²和14 087.8 kg/hm²，且NPK小麦—玉米周年产量一直处于各个处理的最高值。

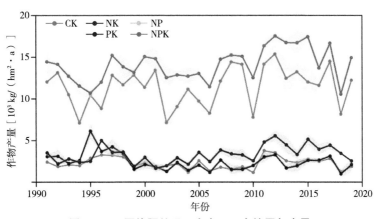

图5-8　不同施肥处理下小麦—玉米的周年产量

在不同时间序列下，NPK处理小麦—玉米周年产量均在各处理中为最高产量，且极显著（$P<0.01$）高于其他处理，并在2011—2015年平均产量最高，为每年16 949.8 kg/hm²（图5-9），高于其他年份21.4% ~ 33.3%。处理NP周年产量仅次于NPK处理，平均低16.4% ~ 23.7%，但仍显著（$P<0.01$）高于其他三个处理；其中平均产量最高年份同样为2011—2015年（每年13 418.3 kg/hm²）。此外，对于其他三个处理，在1991—2005年，周年产量并无显著差异；而在2006—2015年，PK处理周年产量（每年3 099.7 ~ 4 644.4 kg/hm²）极显著（$P<0.01$）高于CK与NK处理。综上，对于小麦玉米轮作体系下的周年产量，相对其他处理，NPK处理下周年产量最高，其次为NP处理，但两者之间仍存在显著差异。

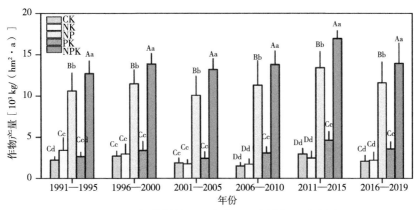

图5-9　不同施肥处理下小麦—玉米周年平均产量

注：图中数据为平均值±标准差，同一时期大小写字母分别表示处理间在$P<0.01$与$P<0.05$水平上的显著差异；下同

调控途径篇

5.3.2 冬小麦产量

小麦产量在NPK与NP处理下，多年平均分别为5 852.5 kg/hm²与5 644.6 kg/hm²，且产量最低年份均出现在2017—2018年。此外，其余三个处理小麦产量仅在每年194.7～2 700.0 kg/hm²；其中，以CK处理小麦产量最低，多年平均为每年769.4 kg/hm²（图5-10）。

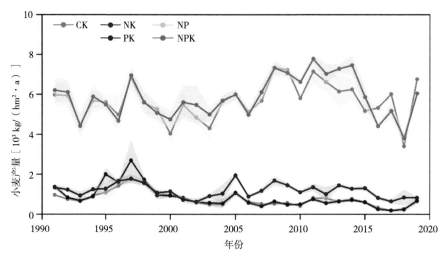

图5-10　不同施肥处理下冬小麦产量

在不同年份下，各处理下小麦产量如图5-11所示。其中NPK与NP仍为各处理中最高（$P<0.01$）；且两者在1991—2010年无显著差异，而在2011—2015年，NPK处理显著（$P<0.01$，12.9%）高于NP处理；同时两者（NPK与NP）在此期间小麦平均产量在所有年份中表现为最高，分别高于其他年份10.3%～45.8%与0.5%～19.4%。此外，对于CK、NK与PK处理，在1991—2005年平均产量为每年878.4～1 583.3 kg/hm²，且三者之间并无显著差异；而在2006—2015年，PK处理小麦产量为每年1 258.9～1 273.3 kg/hm²，且显著（$P<0.01$）高于CK与NK处理。而对于CK与NK处理，自1991—1995年至2016—2019年小麦产量整体呈下降趋势，由平均每年878.4 kg/hm²与1 156.6 kg/hm²（1991—1995年），下降至每年359.2 kg/hm²与343.8 kg/hm²（2016—2019年）。综上，对于冬小麦产量，NPK与NP处理增产效果显著，但两者之间在多数年份下并无显著差异；此外，CK与NK处理下小麦产量整体呈现了下降的趋势。

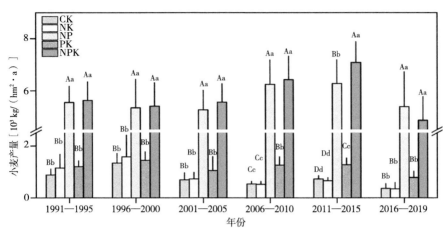

图5-11 不同施肥处理下冬小麦平均产量

调控途径篇

5.3.3 夏玉米产量

相对各处理下冬小麦产量，近30年夏玉米产量在不同处理下波动范围较大（图5-12）；以NP处理为例，多年平均夏玉米产量为每年5 730.2 kg/hm²，最高产量达每年8 704.4 kg/hm²，而在1994年与2010年，产量仅为每年1 416.7 kg/hm²与1 938.0 kg/hm²。对于PK处理，玉米多年平均产量为每年2 118.0 kg/hm²，均高于CK（每年1 475.9 kg/hm²）与NK处理（每年1 597.3 kg/hm²），但同样年际波动幅度大，平均标准差超过每年600 kg/hm²。对于处理NPK，玉米产量平均为每年8 229.7 kg/hm²，最高产量为每年11 566.6 kg/hm²，最低产量为每年5 229.2 kg/hm²；标准差平均为548.4。

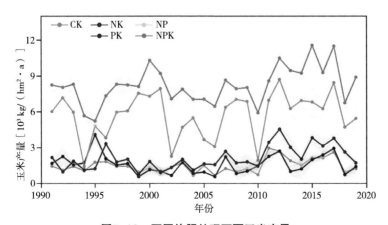

图5-12 不同施肥处理下夏玉米产量

调控途径篇

在不同时间序列下，NPK处理夏玉米产量在各处理中为最高，并显著（$P<0.01$）高于其他4个处理（图5-13）。同时，包括NPK在内的5个处理玉米产量均在2011—2015年最高。特别是PK处理，在此期间平均玉米产量为每年3 371.1 kg/hm²，并显著（$P<0.01$）高于CK与NK处理，但在其他时期，三者玉米产量之间并无显著差异。

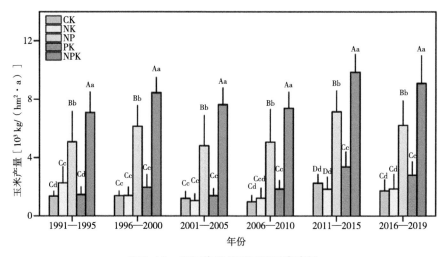

图5-13　不同施肥处理下夏玉米产量

综上，相对于冬小麦产量，夏玉米产量年际变化幅度更为显著，同时对作物周年产量的贡献更大；此外，对于施肥效果最显著的NPK与NP处理，相较NP处理，NPK处理对玉米增产效果显著，但对小麦产量影响并不显著，进而在周年产量上NPK处理显著高于NP处理。此外，对于CK、NK与PK处理，随着时间的推移，小麦与玉米产量整体呈现上升趋势，同时PK处理也逐渐对作物产量产生正效应。

5.3.4　土壤有机碳与作物产量

在相关性分析（表5-2）中，气象因子与试验时间与作物产量之间并未存在显著的相关关系；而土壤有机碳储量与作物周年产量存在显著（$P<0.01$）正相关关系，由此说明有机碳的增加与作物产量的提升存在相关关系；此外，相比气候因子（年均温度，MAT与干燥度指数，AI）与作物产量之间的关系，土壤有机碳与作物产量之间均存在显著（$P<0.01$）相关关系。由此，说明在长期试验下土壤有机碳储量仍是作物生长的最重要的因素。通过随机森林模型

结果表明，土壤有效磷含量是各影响因素中最关键的因子，对作物产量的重要性为90.4，此时单一控制变量下模型R^2为0.38；而控制因子为3个（Avail.P、Avail.K与SOC）时，模型R^2最高为0.79；再次说明土壤有机碳以及养分含量与作物周年产量增加之间的重要联系。

表5-2 不同因子对作物周年产量的相对重要性及其之间的相关性

参数	产量	
	相关性	重要性
施肥年限	0.060	21.87
年均温度	−0.020	14.72
干旱度指数	0.029	23.54
全氮储量	0.239**	19.98
有效态氮比例	0.079	11.28
有机碳储量	0.576**	26.08*
碱解氮	0.307**	15.86
有效磷	0.529**	90.38*
速效钾	−0.232*	77.82*

注：*，**分别表示在$P<0.05$与$P<0.01$时存在显著相关关系

5.3.5 结论与展望

世界范围内有许多长期的田间试验，已经证实了很多植物营养学与土壤肥料学等方面的经典理论，特别是英国Rothamsted试验站的Broadbalk试验，其中两个最重要的结果为：（1）当土壤中有效磷供应不足时，氮肥的作用难以发挥；（2）厩肥与合成氮肥同样能供给作物生长。在本项长期定位试验中同样验证了氮磷对作物产量的协同效用，并且在氮磷添加的前提下，我们的研究认为钾的添加对玉米增产效果更显著，对小麦产量影响并不显著。在很多长期定位研究中，同样证实了钾肥在玉米季显著的增产效应。此外，在本研究的结果中，不施肥处理随着时间的推移，小麦与玉米产量整体呈现上升趋势；在Broadbalk试验中认为不施肥处理下，作物产量会随着时间的推进迅速降低，

并且最后会维持一定的低产量水平；在早先的研究中发现华北平原潮土作物河流冲积物发育的土壤，养分运移迅速且在无外源养分添加下，农田土壤养分会迅速流失，产量迅速下降；而本研究中不施肥处理下的玉米产量在2005年之后呈现显著上升趋势，灌溉水以及氮沉降等环境养分元素的输入可能是引起该现象的主要原因，尽管有很多研究证实了我国自2000年以来氮沉降以及地表水、地下水中氮含量的上升趋势，但目前仍缺少证据证明外源环境养分输入与无养分添加下作物产量上升之间的联系。因此，本研究的结果仍需进一步探讨。

在农业生产中连续种植，特别在化肥高量施用下会引起土壤酸化等土壤质量下降问题；而磷施肥效应在长期连作下的上升趋势是否与逐渐衰退的土壤质量之间存在联系，目前并没有直接的证据验证；对于磷效应的上升，可以理解为一方面，土壤氮库储量在长期种植下上升为土壤氮供应提供了基础，而磷肥的施用进一步提高了氮磷产生的交互作用，进而促进了磷肥的吸收；另一方面，长期施肥下土壤磷库结构的变化，也可能改变了土壤供磷的结构，因而促进了作物对磷肥的利用。

最后通过随机森林模型结果表明：土壤有机碳控制着作物产量的增加且与其存在显著正相关关系，但土壤有机碳提升仍是保证作物周年产量提高的关键因素，其中平衡施肥能够有效平衡土壤中各有效元素的含量，进而保证作物的养分可获得性，确保作物产量的形成，因此平衡施肥技术仍是目前黄河下游引黄灌区保证作物产量、实施"双减"行动的基本施肥制度，仍需围绕土壤有机碳提升与可利用态养分运筹进行科学合理的施肥指导。

参考文献

蔡祖聪，钦绳武，2006. 作物N、P、K含量对于平衡施肥的诊断意义[J]. 植物营养与肥料学报（4）：473-478.

陈祥，同延安，杨倩，2008. 氮磷钾平衡施肥对夏玉米产量及养分吸收和累积的影响[J]. 中国土壤与肥料（6）：19-22.

陈杨，王磊，白由路，等，2021. 有效积温与不同氮磷钾处理夏玉米株高和叶面积指数定量化关系[J]. 中国农业科学，54（22）：4761-4777.

侯彦林，2000. "生态平衡施肥"的理论基础和技术体系[J]. 生态学报（4）：653-658.

侯彦林，2011. 肥效评价的生态平衡施肥理论体系、指标体系及其实证[J]. 农业环境科学学报，30（7）：1257-1266.

侯彦林，黄治平，刘书田，等，2021. 大田作物生态平衡施肥指标体系研究[M]. 北京：中国农业出版社.

李书田，刘晓永，何萍，2017. 当前我国农业生产中的养分需求分析[J]. 植物营养与肥料学报，23（6）：1416-1432.

李新旺，门明新，王树涛，等，2009. 长期施肥对华北平原潮土作物产量及农田养分平衡的影响[J]. 草业学报，18（1）：9-16.

李玉影，刘双全，姬景红，等，2013. 玉米平衡施肥对产量、养分平衡系数及肥料利用率的影响[J]. 玉米科学，21（3）：120-124+130.

李忠佩，唐永良，石华，等，1998. 不同施肥制度下红壤稻田的养分循环与平衡规律[J]. 中国农业科学（1）：47-55.

马悦，田怡，牟文燕，等，2022. 北方麦区小麦产量与籽粒氮磷钾含量对监控施钾和土壤速效钾的响应[J]. 中国农业科学，55（16）：3155-3169.

全国农业技术推广服务中心，1999. 中国平衡施肥 UNDP/CPR/91/123平衡施肥项目总结国际平衡施肥研讨会论文集[M]. 北京：中国农业出版社.

赵广帅，李发东，李运生，等，2012. 长期施肥对土壤有机质积累的影响[J]. 生态环境学报，21（5）：840-847.

朱兆良，金继运，2013. 保障我国粮食安全的肥料问题[J]. 植物营养与肥料学报，19（2）：259-273.

Agyin-birikorang S，Adu-gyamfi R，Tindjina I，et al.，2022. Synergistic effects of liming and balanced fertilization on maize productivity in acid soils of the Guinea Savanna agroecological zone of Northern Ghana[J]. Journal of Plant Nutrition，45（18）：2816-2837.

Li J H，Han Y W，Ye L F，et al.，2023. Effects of nitrogen and phosphorus fertilization on soil organic matter priming and net carbon balance in alpine meadows[J]. Land Degradation and Development，34（9）：2681-2692.

Lin X G，Feng Y Z，Zhang H Y，et al.，2012. Long-Term Balanced Fertilization Decreases Arbuscular Mycorrhizal Fungal Diversity in an Arable Soil in North China Revealed by 454 Pyrosequencing[J]. Environmental Science and Technology，46（11）：5764-5771.

Liu Y Y，Taxipulati T，Gong Y M，et al.，2017. N-P Fertilization Inhibits Growth of Root Hemiparasite Pedicularis kansuensis in Natural Grassland[J]. Frontiers In Plant Science，8：2088.

Lv S W，Wang X M，Liu G C，2015. A Simple and Reasonable Calculation Equation of Balanced Fertilization[J]. Agronomy-Basel，5（2）：180−187.

Wei M，Zhang A J，Chao Y，et al.，2020. Long-term effect of fertilizer and manure application on the balance of soil organic carbon and yield sustainability in fluvo-aquic soil[J]. Archives of Agronomy and Soil Science，66（11）：1520−1531.

调控途径篇

黄河下游引黄灌区地力培肥技术模式

在前面章节中，已得出黄河下游引黄灌区土壤有机碳库演变趋势，并阐述了平衡施肥技术对土壤有机碳收支平衡的重要作用。但如何通过可行性的农业管理措施，实现土壤有机碳库快速提升，进而保证作物产量及其稳定性，减缓化肥投入对环境的负面效应是我们的研究能够面向具体农业生产，为农业种植提供具体理论支持的重要目标。

粪肥、有机肥等有机物料的投入是目前旱作土壤培肥的重要措施，有机肥对土壤有机碳的影响，一方面，为土壤微生物提供碳源进而改变土壤微生物的群落结构，进而实现对土壤碳转化过程的影响；另一方面，有机物料本身作为有机质进入土壤，提高土壤养分库容量，改变土壤碳库的结构，进而改变土壤碳的转化速率，特别在长期有机物料使用下，能够显著提高土壤有机碳储量；有机肥携带大量活性碳源，通过刺激土壤氮库矿化、硝化，促进土壤氮库的正激发效应；但有机肥也被证实能促进土壤大团聚体的形成，对土壤有机质存在负激发效应，因此对于有机肥对土壤有机碳的激发效应在不同环境因子下会呈现不同的激发途径，仍需根据土壤质地、pH以及作物类型等综合制定有机肥施用策略。

6.1 地力培肥技术模式及原理

6.1.1 引黄灌区地力培肥模式技术原理

黄河下游引黄灌区小麦—玉米一年两熟的种植制度，在长期化肥施用下土壤存在着养分表聚、耕层浅薄、犁底层加厚等问题，项目以构建均衡养分和肥沃耕层为宏观调控目标，通过绿色增效产品与耕作措施的优选组合，进行秸秆快速腐解、土壤有机质快速提升，促进土壤养分的均衡转化和作物高效吸收利用，实现作物丰产增效，并集成养分均衡调控技术模式，进行重点县域推广示范。

调控途径篇

冬小麦—夏玉米一年两熟的传统种植模式下，单一的旋耕措施、长期高强度的化肥施用等不合理的种植模式，已经造成了土壤板结、耕层变浅、养分固化等土壤质量下降问题，进而造成养分利用效率低下，而过量营养物质进入大气、地下水等自然环境，会造成严重的环境问题。此外，近年来秸秆还田已经成为区域内主要的农艺措施之一，但由于华北地区季风气候导致的土壤旱涝交替频繁，土壤腐殖质难以保留，秸秆还田结合普通旋耕的模式非但不能促进土壤养分活化，还会加剧土壤碳排放。因此，该技术模式针对以上两个问题，一方面，在作物生长发育过程管理上突出优化土壤-根系关系，强调促进作物根系健康，获得作物个体健康生长；另一方面，通过改变传统措施，将秸秆埋入深层土壤，结合微生物材料加速纤维的分解，为土壤微生物提供充足的碳源，实现土壤微生物区系的调控与活化。微生物材料的施用，能够抑制土壤有害病菌，促进根系生长，提高根系活性；在作物生长后期，延迟根系衰老，保持良好的水肥吸收，有效支持地上光合生产和后期物质转移，提高肥料利用率，提高经济产量。

6.1.2 引黄灌区地力培肥模式技术模式

本技术模式是微生物肥料和秸秆还田深耕模式的农作物高产调控方法，步骤为：将前季作物留茬秸秆粉碎还田，施用复合肥基肥，固态微生物有机肥与微生物腐解剂；前季作物采收后，肥料施用完毕，采用铧式翻转犁对土壤进行深耕，然后采用旋耕机进行土地整平；翌年与第三年，均采用旋耕，三年一周期；再进行播种、灌溉、除草、病虫害防治直至作物成熟进行采收；本发明的方法中微生物材料的施用，能够抑制土壤有害病菌，促进根系生长，提高根系活性；在作物生长后期，延迟根系衰老，保持良好的水肥吸收，有效支持地上光合生产和后期物质转移，提高肥料利用率，提高经济产量。

6.1.2.1 作物品种及供试肥料选择

冬小麦选择播期弹性大、抗倒伏、抗病能力强的冬性小麦品种，如：济麦22、石优20、小偃61等；夏玉米选择高产、稳产、抗性强、播期宽泛的玉米品种，如：郑单958、登海618、迪卡517等。

微生物腐解剂选择以枯草芽孢杆菌为主的液态促腐类微生物发酵腐熟菌剂，微生物有机肥可以畜禽粪便、作物秸秆为原料添加微生物腐解剂进行快速腐熟发酵，以行政村或农业合作社为单位，自行制作。

基肥选用普通复合肥，建议N：P_2O_5：K_2O为20：15：5；追肥选用农用尿素，N含量为46%。

6.1.2.2 "微生物肥料+秸秆还田+深耕"关键技术

化肥减施+微生物肥料。前季作物留茬并秸秆全部粉碎还田同时按照常规化肥用量的70%进行施肥（以小麦亩产400～450 kg计，氮素供应为140～160 kg N/hm²），之后采用牵引翻斗式有机肥施肥机或采用人工播撒进行固态微生物有机肥的施用，同时采用农用液体喷施设备进行微生物腐解剂的施用，微生物有机肥施用量为1 800～3 000 kg/hm²（可根据化肥减施量相应提高微生物有机肥量），微生物腐解剂（黑白液，亩推荐用量为1 kg，稀释150～200倍后喷施）。

秋季深耕。玉米采收后，待秸秆还田与肥料施用完毕，首年采用铧式翻转犁对土壤进行深耕1～2次，耕作深度须大于30 cm，保证秸秆被埋入深层土壤之中；之后采用旋耕机进行土地整平；翌年与第三年，均采用常规旋耕；第四年需采用深翻措施；即每三年执行一个深翻周期。

播种、灌溉、除草、病虫害防治等其他农艺措施，根据不同年份具体情况结合当地种植习惯，进行管理即可。

6.1.2.3 适宜推广地区

该技术模式主要用于黄河下游引黄灌区，或灌溉充足的黄泛平原地区。

6.2 地力培肥技术对土壤有机碳及全氮储量的影响

本节基于外源有机物料的添加能够对土壤有机碳储量产生影响的假设，位于黄河下游引黄灌区的中国科学院禹城综合试验站，设置了以外源有机物料添加为研究核心的田间试验，一方面，通过对土壤养分的连续观测，确定土壤氮库储量及其组成对外源物料添加的持续响应；另一方面，以冬小麦播种到夏玉米收获为系统边界，通过核算系统碳氮收支确定外源有机物料对冬小麦—夏玉米种植系统碳氮足迹的影响。

调控途径篇

试验于2016年10月至2020年10月进行。冬小麦供试品种为济麦22，夏玉米供试品种为郑郸958。供试土壤为潮土，供试耕层土壤pH8.0，容重1.46 g/m³，有机质含量1.5%，全氮0.64 g/kg，全磷0.84 g/kg，全钾19.99 g/kg。

本试验在秸秆还田的基础上，采用双因素裂区设计，主因素为耕作模式，副因素为施肥模式，共设置5个处理（表6-1）：化肥常规用量+普通旋耕（CF），70%化肥用量+微生物有机肥+普通旋耕（MOF），70%化肥用量+微生物菌剂+普通旋耕（MA），70%化肥用量+微生物有机肥+深耕（DMOF），70%化肥用量+微生物菌剂+深耕（DMA）。3次重复，共15个小区；试验小区面积为25 m²（5 m×5 m），小区间距为50 cm。耕作处理均在冬小麦播种前进行，常规旋耕深度为15 cm，深耕深度为30 cm；深耕每3年进行一次，其余年份均采用旋耕措施。

表6-1 不同处理下肥料及外源有机物料用量

处理	耕作	冬小麦				夏玉米			
		复合肥 (kg/hm²)	MOF (kg/hm²)	MA (L/hm²)	尿素 (kg/hm²)	复合肥 (kg/hm²)	MOF (kg/hm²)	MA (L/hm²)	尿素 (kg/hm²)
CF	旋耕	112.5			112.5	112.5			112.5
MA	旋耕	78.75		30	78.75	78.75		30	78.75
MOF	旋耕	78.75	3 000		78.75	78.75	3 000		78.75
DMA	深耕	78.75		30	78.75	78.75		30	78.75
DMOF	深耕	78.75	3 000		78.75	78.75	3 000		78.75

CF：化肥常规用量（225 kg N/hm²）+旋耕；MA：70%化肥用量+微生物菌剂（MA）+旋耕；MOF：70%化肥用量+微生物有机肥（MOF）+旋耕；DMA：70%化肥用量+MA+深耕；DMOF：70%化肥用量+MOF+深耕；下同

试验区选取前期10年以上冬小麦—夏玉米典型轮作农田为试验小区，两季秸秆还田，施肥制度与本研究正常化肥施用一致；在夏玉米收获的同时将秸秆粉碎，进行全量还田；冬小麦收获后，秸秆覆盖还田，夏玉米免耕播种。

供试复合肥为芭田生态工程有限公司提供的普通复合肥，养分含量为N26%，P_2O_5 12%与K_2O 10%；供试微生物有机肥（MOF）由ETS（天津）生物技术有限公司提供，由动物粪便和植物秸秆为原料添加微生物腐解菌剂

调控途径篇

（MA）制成，C/N大约为7，碳与氮含量分别为13.25%和1.78%；供试微生物菌剂（MA）属于液态微生物农用发酵腐熟剂，同样由ETS（天津）生物技术有限公司提供，核心菌群为ETS菌群，其中60%为厌氧菌，40%为好氧菌。

微生物有机肥用量根据30%化肥氮用量计算，微生物有机肥含氮量按照1.78%计，约为3 000 kg/hm²，作为基肥底施；微生物腐解菌剂用量为30 L/hm²，按照1∶150比例加水稀释，在小麦播种前喷洒在土壤表层；且微生物有机肥与微生物腐解菌剂均在使用施肥与灌溉前使用。

6.2.1　土壤有机碳库储量

不同处理下土壤有机碳库的变化如表6-2所示，其中在2017年，相对CF处理，外源有机物料的添加能够提升土壤碳库储量，特别是深耕处理下20～40 cm土层内土壤碳库相对CF处理提高了38.0%～41.2%（$P<0.05$）；此外，相对MOF处理，MA处理对土壤碳库储量的提高幅度更显著（$P<0.05$）。在2019年，各处理相对2017年，出现了不同程度的下降趋势；但施用外源物料下土壤碳库处理仍显著（$P<0.05$）高于CF处理；但耕作处理之间在各土壤层次中，未存在显著差异。

表6-2　不同处理下0～40 cm土层内的土壤碳库储量

处理	土壤碳库储量（2017年）			土壤碳库储量（2019年）		
	0～20 cm（Mg/hm²）	20～40 cm（Mg/hm²）	0～40 cm（Mg/hm²）	0～20 cm（Mg/hm²）	20～40 cm（Mg/hm²）	0～40 cm（Mg/hm²）
CF	2.74dc	1.28b	4.02c	2.51c	1.32b	3.83b
MA	3.33a	1.6a	4.93a	3.18a	1.62ab	4.81a
MOF	3.02bc	1.21b	4.23c	2.9ab	1.58ab	4.48a
DMA	3.09ab	1.76a	4.85ab	2.72bc	1.7ab	4.41ab
DMOF	2.63d	1.81a	4.43bc	2.86ab	1.77a	4.63a

注：同列数据后不同小写字母表示年内处理间差异显著（$P<0.05$）

土壤有机碳库储量在CF处理下均显著下降，且随着试验期的推进，变化速率并未产生显著变化；且对于外源有机物料处理，在不同试验期土壤碳库储量年际变化速率也表现出不同的结果（图6-1）。在2017年，MA与DMA处理下土壤碳库年际变化速率最高，分别为每年793.6 kg C/hm²与704.2 kg C/hm²，且显著（$P<0.05$）高于MOF处理；且耕作处理之间并无显著差异。而在2019年，处理MA与DMA土壤碳库年际变化速率相较1年时下降了72%～87.1%，且与MOF与DMOF之间无显著差异；此时4个外源有机物料处理的土壤碳库年际变化速率在每年90.5～222.4 kg C/hm²。

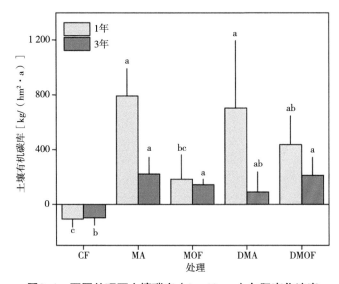

图6-1　不同处理下土壤碳库（0～40 cm）年际变化速率

6.2.2　土壤全氮库储量

不同外源有机物料对土壤氮库储量的影响显著（表6-3）。在试验的第一年（2017），各处理相对CF并未对表层土壤氮库储量产生显著影响（$P>0.05$），但提高了深层土壤氮库储量，特别是深耕处理，其20～40 cm土层内氮库储量显著（$P<0.05$）高于CF处理；进而0～40 cm深度内施用外源物料的各处理土壤氮库储量均显著（$P<0.05$）高于CF处理。同时，在普通耕作下MA与MOF处理之间并无显著差异；但在深耕处理下，DMOF下0～40 cm深度内土壤氮库储量显著（$P<0.05$）高于DMA处理。同时，在试验的第三年（2019），施用外源有机物料对土壤氮库储量的影响基本与第一年表现一致，并且尽管MOF处理高于MA处理，但两者之间无论在旋耕还是深耕处理，均未表现显著差异。此外，与2017年相比，2019年各处理土壤氮库储量并未产生显著的变化。

表6-3　不同处理下在0～40 cm土层内的土壤氮库储量

处理	土壤氮库储量（2017年）			土壤氮库储量（2019年）		
	0～20 cm（Mg/hm²）	20～40 cm（Mg/hm²）	0～40 cm（Mg/hm²）	0～20 cm（Mg/hm²）	20～40 cm（Mg/hm²）	0～40 cm（Mg/hm²）
CF	0.227a	0.140c	0.367c	0.226a	0.139c	0.365c
MA	0.233a	0.152bc	0.385b	0.235a	0.156bc	0.390bc
MOF	0.237a	0.159b	0.396ab	0.242a	0.168ab	0.410ab
DMA	0.228a	0.163ab	0.391b	0.230a	0.173ab	0.403ab
DMOF	0.232a	0.181a	0.412a	0.239a	0.189a	0.428a

注：同列数据后不同小写字母表示年内处理间差异显著（$P<0.05$）；下同

　　研究结果表明，相对短期试验，3年试验下土壤氮库变化速率各处理均呈现下降趋势（图6-2）。其中，CF处理土壤氮库储量年际变化速率均呈下降趋势，且3年试验期相对1年，土壤氮库储量下降速率降低了48.4%；其余各个施用有机物料的处理下，在1年与3年试验期，土壤氮库年际提高速率分别为18.8～38.9 kg N/hm²与8.2～18.3 kg N/hm²，3年平均速率下降了50.0%～56.7%；此外，在MA与MOF之间，MOF与DMOF处理下土壤氮库变化速率要高于MA处理；深耕处理也有利于土壤氮库的提升，但在耕作处理之间并未存在显著差异。

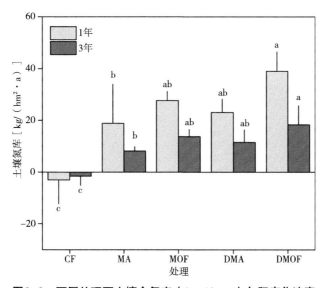

图6-2　不同处理下土壤全氮库（0～40 cm）年际变化速率

6.2.3　土壤无机氮库储量

土壤无机氮库储量（IN pool）对不同外源有机物料的响应均不同（表6-4），整体而言，土壤无机氮库储量以NO_3^-为主，同时长期试验并未对其产生显著影响，但会显著提高土壤NH_4^+库储量。此外，在不同处理下的在不同土壤层次中，CF处理下土壤NO_3^-库储量与NH_4^+库储量大多数为各处理下最高水平，且在2019年内均显著（$P<0.05$）高于其他处理；由此说明，化肥氮素的添加直接引起了土壤无机氮库储量的增加。此外，相对MA与DMA处理，MOF与DMOF处理下土壤无机氮库储量在0～40 cm土层内分别提高了14.9%～15.5%与16.7%～43.1%（$P<0.05$），同时MOF与DMOF下的土壤NO_3^-库储量与NH_4^+库储量大部分显著（$P<0.05$）高于MA与DMA处理；由此说明，有机物料由于内在特征之间的差异，同样也会导致无机氮库储量的改变。

表6-4　不同处理下在0～40 cm土层内的土壤氮库储量

土层	处理	土壤氮库储量（2017年）			土壤氮库储量（2019年）		
		NO_3^- (kg/hm²)	NH_4^+ (kg/hm²)	IN (kg/hm²)	NO_3^- (kg/hm²)	NH_4^+ (kg/hm²)	IN (kg/hm²)
0～20 cm	CF	11.5a	2.4a	14a	12.6a	3.7a	16.2a
	MA	11.7a	1.4c	13.1ab	11ab	2.3bc	13.3b
	MOF	12.7a	1.8b	14.5a	10.5ab	2.8b	13.2b
	DMA	9.6a	1.1c	10.7b	9.1b	1.9c	11.1b
	DMOF	12a	1.3c	13.3ab	10.1ab	2.6b	12.7b
20～40 cm	CF	13.7a	2.5a	16.1a	16.7a	3.2a	19.9a
	MA	8.4c	1.2d	9.6c	9.2c	1.9c	11.1c
	MOF	9.7bc	1.9b	11.6bc	12.4b	2.5b	14.9b
	DMA	7.4c	1.1d	8.5c	8.6c	1.6c	10.2c
	DMOF	12.5ab	1.6c	14.2ab	9.6c	2.5b	12.1c
0～40 cm	CF	25.2a	4.9a	30.1a	29.3a	6.9a	36.2a
	MA	20.1ab	2.6c	22.7bc	20.3c	4.1c	24.4c
	MOF	22.5ab	3.7b	26.1ab	22.9b	5.3b	28.2b
	DMA	17b	2.2d	19.2c	17.8c	3.5d	21.3d
	DMOF	24.5a	3c	27.5ab	19.7c	5.1b	24.8c

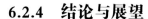

6.2.4 结论与展望

采用外源有机物料代替化肥一直以来是被用于补充土壤有机质，改善土壤质量的重要措施，在本项研究中，相对施用化肥（225 kg/hm²），外源有机物料的添加能够提高土壤全氮库与碳库储量，并且能够有效降低土壤无机氮库储量。前人大量研究发现，本研究中供试的微生物有机肥（MOF）能够快速补充土壤碳源，为微生物代谢提供能量，并通过微生物代谢所产生的胶结作用提高土壤微团粒结构，从而提高团粒结构对土壤碳、氮的物理保护，进而提高土壤碳、氮库库容。同样来自整合分析的研究结果表明有机肥对土壤碳氮固持的提高效果为12%左右。此外，在本项研究结果还表明，秸秆腐解剂类微生物菌剂代替化肥，同样具有提高土壤碳氮库库容的效果。微生物菌剂的施用能够显著改变土壤微生物群落结构，提高土壤微生物PLFA总量，由此刺激了土壤微生物对秸秆、根茬等植物源有机质的分解，由于提高了植物源有机质对土壤有机质的补充，因此土壤碳氮库储量在微生物菌剂施用下同样能够被提高。不仅如此，外源有机物料不仅能够提高土壤全氮库库容，相对化肥单一施用，还能显著降低土壤无机氮库储量，因而有效降低无机氮素的淋失对环境造成的污染。一方面，外源有机物料的添加能够改变土壤表面电化学性质，进而增强土壤对NO_3^-与NH_4^+的吸附能力；另一方面，有机肥等有机物料的输入能够提高土壤微生物对NH_4^+的固持能力，进而减少由硝化作用引起的氮淋失过程。由此说明，外源有机物料的添加在保持土壤氮库储量的同时，还能通过减少无机氮淋失而提高小麦—玉米种植系统的生态效益。综上，相对单一施用化肥，以微生物材料为核心的地力培肥模式，能够显著提高土壤有机碳与全氮储量，但随着试验年限的推进，有机碳库提升速率逐渐下降；同时，还能显著降低土壤无机氮库的容量，且施用微生物菌剂的降低作用相较微生物有机肥更显著。

6.3 作物产量对长期地力培肥模式的响应

6.3.1 作物产量

经过四年的连续试验，采用微生物材料配合减施30%化肥的增效措施相比全量化肥施用（225 kg N/hm²）在冬小麦试验中并没有出现减产，特别是小麦籽粒产量在5个处理间并无显著差异（图6-3）；但减施30%化肥，相对

调控途径篇

使用微生物材料处理，秸秆产量均为最高。此外，采用微生物材料代替30%化肥仅在2017—2018年，显著影响了小麦千粒重，其余三年里并未对小麦千粒重产生影响。在2019—2020年，尽管在所有处理间，籽粒产量并无显著差异，但深耕下施用微生物材料代替部分化肥相比旋耕下，籽粒产量提高了9.9%~20.4%，秸秆产量提高了14.2%~22.0%。

连续四年，常规化肥处理下夏玉米均显著低于微生物材料配合减施30%化肥的处理；且自试验第二年（2017—2018年）开始，秸秆产量也显著低于微生物材料代替部分化肥处理；普通旋耕处理下，微生物材料代替部分化肥对夏玉米的穗粒数、千粒重均没有产生显著影响；但在试验第二年，深耕处理下DMA处理的穗粒数与千粒重为各处理最高；此外，值得关注的是，深耕处理在试验前期对夏玉米产量并未表现出影响，但自第二年，尽管深耕处理与旋耕处理夏玉米籽粒产量之间并未表现显著影响，但深耕下施用微生物材料均高于相对应的旋耕处理。综上，微生物材料代替部分化肥能够提高夏玉米的籽粒产量，进而实现增产增效的目标；同时深耕处理施用微生物材料在深耕后并不会对夏玉米产量产生影响，但随着种植时间的推进，底层土壤有机质被激活，进而促进玉米深层根系对养分的吸收，实现增产增效。

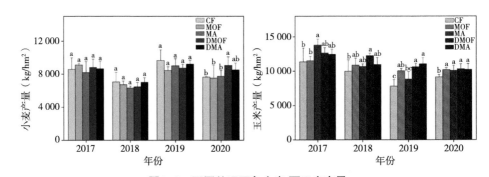

图6-3　不同处理下冬小麦/夏玉米产量

注：不同小写字母表示年内处理间差异显著（$P<0.05$）

6.3.2　经济效益

参照文献数据、年鉴统计以及当地实际情况，对不同培肥措施下的生产成本进行核算，如表6-5所示。小麦—玉米轮作下，平均周年生产成本为1 808.99~2 132.99元/亩；生产成本最高为DMOF处理（深翻+化肥减施30%+微生物有机肥），主要源于深翻与微生物有机肥的使用提高了生产成本；成本最低为MA处理（普通旋耕+化肥减施30%+微生物菌剂），是由于微生物菌剂成本仅为20元/L，大大降低了成本投入。化肥减施30%平均降低生产成本151.47元/亩，微生物有机肥替代30%氮肥提高了12.37%的成本，而深耕和微生物有机肥施用相对于传统施肥方式提高了13.42%。综上，从投入成本分析，微生物菌剂的使用相对微生物有机肥更加经济、合理。

表6-5　黄河下游引黄灌区小麦—玉米轮作系统周年生产成本

处理	化肥	种子	农药	机械	灌溉	人工	微生物有机肥	微生物菌剂	总费用
					元/亩				
CF	504.90	111.68	58.40	280.74	47.02	877.72	—	—	1 880.46
MOF	353.43	111.68	58.40	280.74	47.02	877.72	384.00	—	2 112.99
MA	353.43	111.68	58.40	280.74	47.02	877.72	—	80.00	1 808.99
DMOF	353.43	111.68	58.40	300.74	47.02	877.72	384.00	—	2 132.99
DMA	353.43	111.68	58.40	300.74	47.02	877.72	—	80.00	1 828.99

2017—2020年，不同处理下的小麦—玉米轮作系统经济效益变化如图6-4、图6-5所示。在冬小麦的试验中，减施30%化肥处理的经济效益连续四年低于全量化肥施用（225 kg N/hm^2），而玉米收益则呈相反现象，2017—2020年收益分别提高了30.5%、-0.4%、15.5%、6.8%。DMOF处理的冬小麦收益在第四年超过常规耕作处理（CF），收益率提高了5.8%，夏玉米的收益率由2017年的5.8%提高至9.3%。DMA处理相比于CF处理，小麦的经济效益呈现了先下降后上升的变化趋势，四次收益率分别提高了12.65%、-30.6%、-18.9%、78.5%；玉米的纯收益增幅为218.51～492.96元。

经过2017—2020年四年间的连续耕作，小麦年纯利润为245.64～462.63元/亩，玉米年纯利润为655.31～993.97元/亩，总利润为3 987.46～5 826.38元/亩（表6-6）。MOF处理相对于CF处理，总收益下降了8.3%，MA、DMOF、DMA处理的总收益分别提高了18.5%、3.0%、34.0%。深耕与普通耕作相比，分别提高了12.3%、13.1%的经济效益。微生物有机肥替代30%氮肥虽然能保障粮食产量不下降，由于提高了生产成本，增收效果甚微，但如能配套深耕和金水酵素使用，增产增收效果明显。

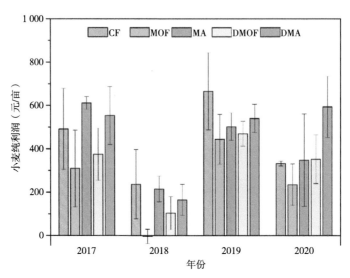

图6-4　不同施肥处理下冬小麦纯利润分析

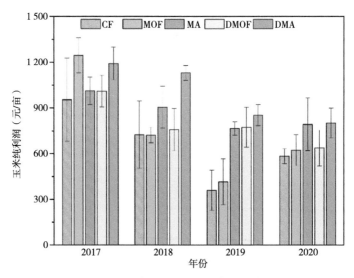

图6-5　不同施肥处理下夏玉米纯利润分析

表6-6　不同施肥处理下年际总利润分析

| 处理 | 总收益（元/亩） | | | | 累计收益 |
	2017年	2018年	2019年	2020年	（元/亩）
CF	1 445.55a	960.5abc	1 024.96ab	915.5ab	4 365.26b

（续表）

| 处理 | 总收益（元/亩） | | | | 累计收益 |
	2017年	2018年	2019年	2020年	（元/亩）
MOF	1 554.44a	716.91c	859.63b	856.48b	3 987.46b
MA	1 623.18a	1 119.21ab	1 267.59a	1 140.22ab	5 261.8a
DMOF	1 384.21a	861.41bc	1 243.23a	988.96ab	4 477.82b
DMA	1 745.33a	1 293.66a	1 392.54a	1 394.85a	5 826.38a

注：同列数据后不同小写字母表示年内处理间差异显著（$P<0.05$）

6.3.3 氮素利用效率

以四年平均氮素利用效率计算，各处理氮肥利用效率为42.6%～60.8%，其中，MOF相对CF处理显著提高了氮肥利用效率（$P<0.05$），此外深耕显著提高了施用微生物菌剂（DMA）的氮素利用效率，达60.8%。同时，以氮素偏利用率计算，微生物材料代替部分化肥处理相对CF处理均显著提高（$P<0.05$）。综上，采用微生物材料代替部分化肥能够提升氮素利用效率，有效提高氮肥的利用率，以三年整体来看，深耕相比旋耕，更能提高氮素利用效率（表6-7）。

表6-7 不同处理下冬小麦氮素利用效率

处理	氮肥利用效率（%）	氮素农学利用效率（kg/kg N）	氮素偏利用率（kg/kg N）	收获指数（%）
CF	45.3b	14.5a	42.8b	49a
MOF	53.3a	16.7a	57.2a	49.4a
MA	42.6b	13.1a	53.6a	50a
DMOF	54a	18.1a	58.5a	48.8a
DMA	60.8a	15a	55.4a	47.4a

注：同列数据后不同小写字母表示年内处理间差异显著（$P<0.05$）

相对冬小麦，绿色培肥措施处理对夏玉米氮素利用效率的影响更显著，如表6-8所示。从氮肥利用效率来看，使用微生物材料代替部分化肥均显著（$P<0.05$）提高了氮肥利用效率，常量施肥下氮肥利用效率仅为20.7%，微

生物材料代替化肥处理为53.3%~86.3%；同时，MA以及MOF处理下的氮素农学利用效率与偏利用率同样显著高于CF处理（$P<0.05$）。此外，对于深耕处理，相对常规旋耕处理氮肥利用效率之间并无显著差异，但氮素农学利用效率、偏利用率以及收获指数均有所提高，其中，深耕下施用微生物有机肥（DMOF）显著（$P<0.05$）高于其旋耕处理（MOF）。

表6-8　不同处理下夏玉米氮素利用效率

处理	氮肥利用效率（%）	氮素农学利用效率（kg/N kg）	氮素偏利用率（kg/N kg）	收获指数（%）
CF	20.7c	1.1c	34.7c	56.1ab
MOF	53.3b	8.1b	56.1b	54.1b
MA	86.3a	15.6ab	63.6ab	61.2ab
DMOF	55.4b	22.1a	70.1a	60ab
DMA	62.5b	19.3a	67.3a	62.4a

注：同列数据后不同小写字母表示年内处理间差异显著（$P<0.05$）

综上，施用微生物材料代替30%化肥，均能提高氮素利用效率，但玉米季的增效作用更明显；而微生物有机肥在小麦季的增效更明显，微生物菌剂在玉米季更突出；此外，相对常规旋耕措施，以三年平均水平来看，在深耕配合下，微生物材料的施用更利于增产、增效。

6.3.4　结论与展望

大量研究的结果表明畜禽粪便等有机肥、秸秆还田以及微生物接种剂等外源有机物料的添加相对化肥的单独施用能够显著提高作物产量；在本项研究中，在冬小麦—夏玉米轮作体系中，微生物有机肥以及微生物菌剂代替部分30%化肥，能够显著提高玉米籽粒产量，同时保证小麦产量的稳定。玉米产量对外源有机物料的响应相较冬小麦更为显著，在前人研究中同样证明了这一结果。由于在冬春季节土壤微生物量及代谢过程均低于夏季，因此，土壤内在的生物地球化学过程在冬小麦生长季内并不活跃，因此外源有机物料的输入在玉米季的作用更为显著。而微生物菌剂的输入相较微生物有机肥的施用，碳输入显著降低，但可以通过腐解返回土壤中的作物秸秆以补充土壤养分库，进而实现稳定作物产量的效果。此外，长期采用工作深度在20 cm以内的旋耕会导致大量养分在深层土壤中积累，因而采用深耕可以提高深层土壤中养分的利用，以供作物吸收从而提高农作物的产量。在本项研究中，深耕1年提高了玉米产量但并未产生显著影响，而随着种植年限的增长，深耕处理下玉米产量显著高于旋耕处理。而很多关于深耕措施的短期研究中，同样观察到深耕对作物产量的影响在短期内不显著。因此，深耕对作物产量的增产效果具有滞后性，在短期内并无显著影响。

综上，相对小麦，玉米产量对微生物材料的添加响应更为显著；在微生物材料添加下，玉米籽粒产量被显著提高；此外，深耕同样对玉米具有增产作用，且增产效果会随着种植年限的提高而增强。

调控途径篇

6.4 长期地力培肥模式的生态效益评价

6.4.1 温室气体排放

在本研究中，不同施肥处理下土壤CO_2、N_2O、CH_4排放通量具有明显的季节变化规律，如图6-6所示，CO_2排放通量随着作物生育期的推进逐渐升高，各处理分别在冬小麦的拔节期、夏玉米的抽穗期达到峰值，之后随着作物生长而迅速下降。冬小麦苗期-返青期，不同处理CO_2排放通量表现为DMA>DMOF>CF>MOF>MA，其中DMA显著（$P<0.05$）高于其他处理；在CO_2排放通量排放峰值的拔节期CF最高（每小时538.1 g/m^2），但各处理之间无显著差异。夏玉米生育期内，DMA、DMOF处理CO_2排放通量高于CF处理，且显著（$P<0.05$）高于MOF与MA处理；夏玉米抽丝期DMOF、DMA处理CO_2排放通量分别为755.6 $g/(m^2 \cdot h)$，816.8 $g/(m^2 \cdot h)$，分别高于MOF与MA处理26.0%和32.4%（$P<0.05$）。

N_2O的排放峰值主要集中在冬小麦的拔节期-抽穗期与夏玉米的拔节期，两季作物分别在MA与CF处理下达到最高值，分别为76.6 $g/(m^2 \cdot h)$与165.0 $g/(m^2 \cdot h)$，之后均随着作物进入成熟期N_2O排放通量迅速下降。在冬小麦苗期-拔节期，DMOF、DMA处理N_2O排放通量均高于其余三者处理；夏玉米生育期不同处理平均每月N_2O排放通量显著（$P<0.05$）高于冬小麦生育期，且随作物生长处理间差异变化无明显规律。

CH_4排放通量在冬小麦季多表现为负值，夏玉米季表现为正值；且均在作物抽穗期达到排放峰值。冬小麦越冬期-返青期，不同处理下CH_4排放通量表现为负值，即为吸收趋势，其中DMA的吸收通量最高（每小时$0.13 \sim 0.24$ g/m^2）；在小麦抽穗期不同处理CH_4的排放达到小麦季的峰值，其中MA处理显著高于其余4个处理（每小时0.63 g/m^2，$P<0.05$）；冬小麦成熟期至夏玉米拔节期之间，各处理CH_4排放通量同样表现为负值；夏玉米抽穗期不同处理表现为CF>MA>DMA>DMOF>MOF。

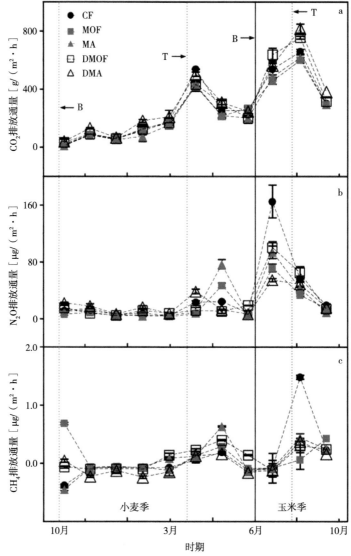

图6-6　不同处理下土壤CO_2、N_2O、CH_4排放通量

注：B和T分别是基肥和追肥的施用时间

整个生育期内各处理土壤CO_2、N_2O、CH_4周年排放总量间差异显著（图6-7）。CO_2排放总量在两季作物均以DMA最高，在小麦季表现为DMA>CF>DMOF>MOF>MA；在玉米季表现为DMA>DMOF>CF>MA>MOF。N_2O排放总量在小麦季以MA、DMA最高，显著（$P<0.05$）高于其他处理；玉米季中，MOF相较其他四个处理，N_2O排放总量降低了37.2%～109.6%（$P<0.05$）。CH_4排放总量在小麦季CF与DMA下为负值，即表现为吸收趋势，MOF、DMOF显著（$P<0.05$）高于其他处理；玉米季CF处理高于其他处理131.5%～273.9%（$P<0.05$）。

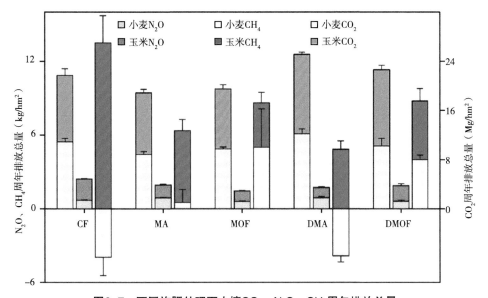

图6-7 不同施肥处理下土壤CO_2、N_2O、CH_4周年排放总量

6.4.2 种植系统碳足迹

冬小麦—夏玉米轮作体系中农业管理措施导致的碳排放当量（CEA）如表6-9所示，化肥施用带来的碳排放当量在总农业管理措施碳排放当量中占比26.6%～37.7%，均高于耕作、灌溉等带来的碳排放，因此在目前冬小麦—夏玉米种植体系中化肥的施用是导致农业管理措施碳排放的最重要的贡献因子之一。此外，在不同耕作措施下，深耕处理下碳排放当量高于常规旋耕处理43.1%；综上在5个处理之间的总农业管理措施碳排放当量排序为：CF>DMOF>DMA>MOF>MA。

表6-9　不同施肥处理下农业管理措施碳排放当量

农业管理措施	项目	CO_2	单位	参考文献	处理 [$kg\ CO_2$-eq/ ($hm^2 \cdot a$)]				
					CF	MA	MOF	DMA	DMOF
农田管理	种子	2.51	$kg\ CO_2$-eq/kg	Zhang et al.（2016）	150.6	150.6	150.6	150.6	150.6
	灌溉（电）	34.47		Lal（2004）	1 378.8	1 378.8	1 378.8	1 378.8	1 378.8
	RT（柴油）	21.27	$kg\ CO_2$-eq/hm^2	Lal（2004）	478.6	478.6	478.6	—	—
	DT（柴油）	30.43		Lal（2004）	—	—	—	684.7	684.7
	残留物（柴油）	28.6		Lal（2004）	514.8	514.8	514.8	514.8	514.8
化学品施用	复合肥	1.77		Zhang et al.（2016）	1 170.7	819.5	819.5	819.5	819.5
	尿素	2.39		Zhang et al.（2016）	611.1	427.8	427.8	427.8	427.8
	除草剂	23.1	$kg\ CO_2$-eq/kg	Lal（2004）	231	231	231	231	231
	杀虫剂	18.7		Lal（2004）	187	187	187	187	187
	ETS	0.096		Jeong et al.（2019）	—	—	288.3	—	288.3
	MA	4.3		Lal（2004）	—	129	—	129	—
	[$kg\ CO_2$-eq/ ($hm^2 \cdot a$)]				4 722.6	4 317	4 476.3	4 523.1	4 682.4

一方面源于高量的化肥施用，另一方面归因于化肥施用加剧的土壤CO_2排放，因此CF处理的碳足迹在1年与3年均为各处理最高（0.315 kg CO_2-eq/kg与0.320 kg CO_2-eq/kg），相对其他处理碳足迹在1年提高了0.106 ~ 0.209 kg CO_2-eq/kg（$P<0.05$），而在3年高于其他处理0.045 ~ 0.065 kg CO_2-eq/kg（$P<0.05$），由此说明，常规施肥下冬小麦—夏玉米轮作体系中碳足迹较为稳定，而施用外源有机物料代替部分化肥的种植体系下的碳足迹在初期对碳足迹

的降低作用较为明显，而随着种植年限的增加，降低效果逐渐减弱。此外，在不同处理之间，MOF相较MA处理在1年显著（$P<0.05$）增加了碳足迹，而在3年两者之间并无显著差异；并且尽管深耕增加总农业管理措施碳排放当量，但在DMOF、DMA与MOF、MA之间，碳足迹均未呈现显著差异（图6-8）。综上，在冬小麦—夏玉米种植体系中化肥仍是系统碳足迹的主要贡献因子，且采用外源有机物料代替化肥均能降低系统碳足迹，且降低效果随着采用年限的增加而下降；此外，尽管采用不同外源有机物料及不同耕作对系统农业管理的碳排放造成影响，但对种植体系下的碳足迹影响并不显著。

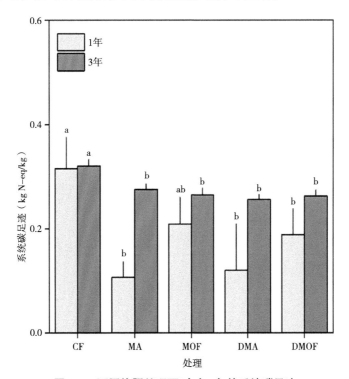

图6-8　不同施肥处理下1年与3年的系统碳足迹

6.4.3　种植系统氮足迹

在小麦—玉米轮作系统的氮足迹中，由氮肥施用引起的活性氮（N_{re}）排放是造成氮足迹上升的主要原因之一；在农业管理措施中，相对其他管理措施，来自机械作业（耕作、收获等）的N_{re}排放贡献比例为65.5%～72.2%。而由于堆肥过程导致大量氨挥发，因此由有机肥发酵过程中带来的N_{re}排放将超过其他各项管理措施，根据前人研究以及前期工作，最终确定MOF生产过程中N_{re}排放约为9 423.5 g N-eq/hm^2。

对于各处理不同试验年限下的氮足迹，CF处理下无论对于1年氮足迹还是3年氮足迹，均为各处理下最高（图6-9），分别为7.64 g N-eq/kg与8.25 g N-eq/kg。且高于其他处理34.1%～63.0%（$P<0.05$）；由此说明，氮肥的减量能够显著降低冬小麦—夏玉米种植系统中的氮足迹。此外，3年下的各处理氮足迹均高于1年时，由此说明连续耕作会提高系统的氮足迹。对于外源有机物料的添加，MOF处理的氮足迹在1年与3年分别高于MA处理5.0%与11.5%（$P<0.05$），此外DMOF同样高于DMA处理18.1%～19.5%；而在深耕与普通旋耕处理之间，无论1年与3年，DMA与MA以及DMOF与MOF处理之间并未出现显著差异。综上，由于有机肥发酵过程中显著增加的N_{re}排放，进而导致了MOF相对MA处理下的氮足迹显著提高；此外，耕作处理尽管增加了机械作业带来的氮足迹，但对系统的氮足迹并未产生显著影响。

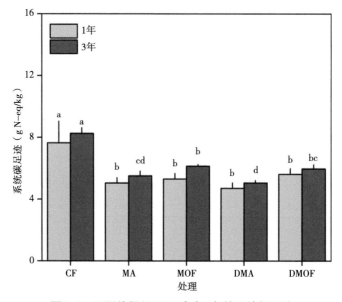

图6-9　不同施肥处理下1年与3年的系统氮足迹

6.4.4　结论与展望

施肥模式作为最基本的农艺措施之一，在为土壤提供养分的同时，对土壤微生物活动产生影响，进而引起土壤温室气体排放的变化；土壤耕作通过作用于土壤进而改变土壤结构，影响土壤理化性质，并对土壤温室气体的排放产生影响。土壤N_2O的产生主要源于土壤氮素的硝化与反硝化作用，氮素的施用是直接促进了硝化、反硝化过程中N_2O的产生，且相对于有机氮源，施用尿素、硝态氮等化肥能促进土壤N_2O的排放。本研究中，常规化肥处理在玉米生育期内N_2O排放总量显著高于施用微生物有机肥与金水酵素微生物菌剂的处理，这一结果符合上述中的结论。而在小麦生育期相对微生物有机肥，施用金水酵素微生物菌剂促进了小麦生育期内土壤N_2O的排放，可能由于金水酵素只促进了秸秆的分解，没有促进氮素矿化固持，因此分解的氮素以N_2O的形式损失。有研究发现有机无机肥配施能够增强土壤对有机氮的物理保护作用，且对铵态氮也有固持作用；这也在另一方面阐释了施用微生物有机肥N_2O排放量低于施用金水酵素微生物菌剂的原因。华北旱作农田好气性土壤是大气CH_4重要的汇之一，本研究中常规化肥处理下在小麦生育期内CH_4表现为吸收态势，施用金水酵素微生物菌剂土壤CH_4表现为吸收态势或者排放总量趋近于零，而施用微生物有机肥的处理下土壤CH_4呈排放态势。在前人对稻田的研究中，已经证实有机肥的施用促进了土壤CH_4的排放。土壤CO_2的排放是旱作农田碳排放重要组成，与外源碳的输入存在直接关系。本研究中，常规旋耕下，施用微生物有机肥与金水酵素微生物菌剂均降低了周年轮作下土壤CO_2排放总量。大量研究表明，有机肥会促进土壤呼吸提高CO_2排放总量，但有机肥与化肥配施，有机肥存在固碳效应，是实现土壤固碳减排的重要途径，这也解释了本研究中施用微生物有机肥降低了土壤CO_2排放总量的结果。

为了进一步确定外源有机物料添加下冬小麦—夏玉米生产系统的生态效益，本研究同时估算了该系统在不同处理下的碳足迹。在过去的研究中，冬小麦—夏玉米种植系统的碳足迹在$0.283 \sim 0.431$ kg CO_2-eq/kg，这与本研究结果基本一致。而且，以合成氨为主的化肥对农田生态系统碳足迹的贡献超过30%，为各项农业管理措施中贡献比例最高的部分；因此减少化肥用量是降低小麦—玉米生产系统碳足迹的重要途径；一项在华北平原进行的研究结果表明氮肥减少10%可以使总碳排放量减少5%。而在本项研究中，外源有机物料代替部分化肥对降低小麦—玉米种植系统的碳足迹有积极作用，一方面，源于化肥用量的降低，另一方面，在本研究中同样认为外源有机物料的输入能够显著提高土壤碳库的固持，而高量的碳固存能够显著改善农业生态系统的碳平衡。因此，采用外源有机物料代替化肥能够降低冬小麦—夏玉米种植系统碳足迹。

　　除了农业生产中的固碳过程，降低活性氮（N_{re}）排放同样是生态系统服务最重要的功能之一。在小麦—玉米轮作系统的氮足迹中，由氮肥施用引起的N_{re}排放是造成氮足迹上升的主要原因之一；因此，采用外源有机物料代替部分氮肥能够显著降低冬小麦—夏玉米种植系统中的氮足迹。对于粮食作物生产的氮足迹，根据前人研究一般为 $2 \sim 25$ g N-eq/kg，本研究的结果同样在此范围内。同时，在农业生产系统中，降低化学肥料的投入是降低系统碳氮足迹的关键措施之一，而采用有机肥等有机物料代替化学肥料，对作物生产系统氮足迹的降低效果在先前研究中已被认为是显著的；同样研究结果也表明系统的氮足迹随着有机肥用量的提高而增加，更多是源于有机肥发酵过程中带来的N_{re}排放，这也验证了本研究的结果。此外，本研究中施用微生物菌剂与微生物肥料相对单一施用化肥还能够降低土壤N_2O排放，同样能够降低作物系统的氮足迹；采用有机物料对N_2O排放的降低一方面源于减少的化肥用量，另一方面，被有机物料改变的反硝化过程可能也是降低N_2O排放的重要原因。

　　因此，相对使用化肥，通过微生物材料的地力培肥模式，能提高土壤保温保墒能力；CO_2排放总量在小麦季、玉米季分别下降了 $10.6\% \sim 18.9\%$ 和 $6.9\% \sim 9.7\%$，N_2O 与 CH_4 排放总量在玉米季分别下降了 $40.5\% \sim 51.4\%$ 和 $56.8\% \sim 73.3\%$。化肥仍是小麦—玉米种植系统碳足迹的主要贡献因子，且采用外源有机物料代替化肥均能降低系统碳足迹，且降低效果随着采用年限的增加而下降；此外，尽管采用不同外源有机物料及不同耕作对系统农业管理的碳排放造成影响，但对种植体系下的碳足迹影响并不显著。在小麦—玉米轮作系统的碳氮足迹中，由氮肥施用引起的活性氮排放是造成氮足迹上升的主要原因之一；因此，采用外源有机物料代替部分氮肥能够显著降低冬小麦—夏玉米种植系统中的氮足迹。而对于不同类型有机物料，由于有机肥发酵过程中显著增加的N_{re}排放增加了微生物有机肥施用下的系统氮足迹，因此采用微生物腐解剂代替部分化肥在本项研究中为实现作物稳产同时降低作物种植系统碳氮足迹的推荐措施。

参考文献

盖霞普，刘宏斌，翟丽梅，等，2018. 长期增施有机肥/秸秆还田对土壤氮素淋失风险的影响[J]. 中国农业科学，51（12）：2336-2347.

公华锐，李静，马军花，等，2019. 秸秆还田配施有机无机肥料对冬小麦土壤水氮变化及其微生物群落和活性的影响[J]. 生态学报，39（6）：2203-2214.

龚雪蛟，秦琳，刘飞，等，2020. 有机类肥料对土壤养分含量的影响[J]. 应用生态学报，31（4）：1403-1416.

李晓莎，武宁，刘玲，等，2015. 不同秸秆还田和耕作方式对夏玉米农田土壤呼吸及微生物活性的影响[J]. 应用生态学报，26（6）：1765-1771.

李圆宾，李鹏，王舒华，等，2021. 稻麦轮作体系下有机肥施用对作物产量和土壤性质影响的整合分析[J]. 应用生态学报，32（9）：3231-3239.

毛平平，王丽，张永清，等，2016. 施用有机肥条件下氮肥不同底追比对冬小麦干物质运转和籽粒产量的影响[J]. 中国土壤与肥料（5）：50-54.

农业农村部科技发展中心，2022. 粮食丰产增效技术创新与应用[M]. 北京：中国农业出版社.

钱海燕，杨滨娟，黄国勤，等，2012. 秸秆还田配施化肥及微生物菌剂对水田土壤酶活性和微生物数量的影响[J]. 生态环境学报，21（3）：440-445.

荣勤雷，梁国庆，周卫，等，2014. 不同有机肥对黄泥田土壤培肥效果及土壤酶活性的影响[J]. 植物营养与肥料学报，20（5）：1168-1177.

魏文良，刘路，仇恒浩，2020. 有机无机肥配施对我国主要粮食作物产量和氮肥利用效率的影响[J]. 植物营养与肥料学报，26（8）：1384-1394.

吴静，陈书涛，胡正华，等，2015. 不同温度下的土壤微生物呼吸及其与水溶性有机碳和转化酶的关系[J]. 环境科学，36（4）：1497-1506.

吴宪，张婷，王蕊，等，2020. 化肥减量配施有机肥和秸秆对华北潮土团聚体分布及稳定性的影响[J]. 生态环境学报，29（5）：933-941.

臧逸飞，郝明德，张丽琼，等，2015. 26年长期施肥对土壤微生物量碳、氮及土壤呼吸的影响[J]. 生态学报，35（5）：1445-1451.

曾希柏，张丽莉，苏世鸣，等，2021. 土壤健康从理论到实践[M]. 北京：科学出版社.

张佳宝，2019. 农田生态系统过程与变化[M]. 北京：高等教育出版社.

张瑞福，颜春荣，张楠，等，2013. 微生物肥料研究及其在耕地质量提升中的应用前景[J]. 中国农业科技导报，15（5）：8-16.

张婷，孔云，修伟明，等，2019. 施肥措施对华北潮土区小麦-玉米轮作体系土壤微生物群落特征的影响[J]. 生态环境学报，28（6）：1159-1167.

张雅洁，陈晨，陈曦，等，2015. 小麦-水稻秸秆还田对土壤有机质组成及不同形态氮含量的影响[J]. 农业环境科学学报，34（11）：2155-2161.

赵亚丽，郭海斌，薛志伟，等，2015. 耕作方式与秸秆还田对土壤微生物数量、酶活性及作物产量的影响[J]. 应用生态学报，26（6）：1785-1792.

George P B L, Keith A M, Creer S, et al., 2017. Evaluation of mesofauna communities as soil quality indicators in a national-level monitoring programme[J]. Soil Biology and Biochemistry, 115：537-546.

Gong H K, Li J, Liu Z, et al., 2022. Mitigated Greenhouse Gas Emissions in Cropping Systems by Organic Fertilizer and Tillage Management[J]. Land（Basel），11（7）：1026

Gong H R, Li J, Ma J H, et al., 2018. Effects of tillage practices and microbial agent applications on dry matter accumulation, yield and the soil microbial index of winter wheat in North China[J]. Soil and Tillage Research, 184：235-242.

Gong H R, Li J, Sun M X, et al., 2020. Lowering carbon footprint of wheat-maize cropping system in North China Plain：Through microbial fertilizer application with adaptive tillage[J]. Journal of Cleaner Production, 268：122255.

Liebich J, Schloter M, Schaffer A, et al., 2007. Degradation and humification of maize straw in soil microcosms inoculated with simple and complex microbial communities[J]. European Journal of Soil Science, 58（1）：141-151.

Ning C C, Gao P D, Wang B Q, et al., 2017. Impacts of chemical fertilizer reduction and organic amendments supplementation on soil nutrient, enzyme activity and heavy metal content[J]. Journal of Integrative Agriculture, 16（8）：1819-1831.

Zhao S C, Li K J, Zhou W, et al., 2016. Changes in soil microbial community, enzyme activities and organic matter fractions under long-term straw return in north-central China[J]. Agriculture Ecosystems and Environment, 216：82-88.

7 黄河三角洲滨海盐碱区地力快速提升技术模式

黄河三角洲地区是我国重要的土地资源，但大部分以盐碱地为主，具有含盐量高，离子毒害大等特点。近年来，受海水灌溉和人类不合理的开发利用等因素影响，土壤盐渍化导致的土地退化现象日益加重。在土地资源日益短缺的今天，如何提高滨海盐碱地土壤质量是黄河三角洲地区实现经济、社会、生态环境可持续发展急需解决的关键问题之一。依据黄河三角洲滨海盐碱地形成原因和水盐运动季节性周期变化规律理论，参照前期应用传统方法改良盐碱地土壤积累的经验不足，针对盐碱地土壤易返盐的特点，本研究选择生物有机肥改良盐碱地土壤。采用盆栽试验和室内培养试验相结合的方法，通过分析植物生长、土壤pH和含盐量等方面的指标评价生物有机肥改良盐碱地土壤的效果；从土壤物理结构、养分、微生物三个方面探究生物有机肥改良盐碱地土壤的机制，为生物有机肥在盐碱地土壤改良中的应用提供理论基础和指导方法。

7.1 盐碱地地力快速提升技术模式及原理

根据肥料的作用分类，一种是通过为植物提供更多的营养物质和生长元素实现增加产量的目的，如根瘤菌；另一种肥料不仅向作物提供营养物质，而且其含有的微生物产生的生长激素对植物具有一定的刺激作用，促进作物对养分的吸收，提高作物的抗盐性。狭义的微生物肥料是一种微生物接种剂，将一种或几种具有特殊性能的菌种经培养后增加数量，然后与草炭等物质混合而成。广义的微生物肥料泛指一类含有微生物并且具有特定肥料效应的制品。自20世纪末开始，生物有机肥配施被广泛用于试验研究，并取得可喜的成效。增施有机肥可显著改良土壤结构、有机质、矿物组成等指标，并增加土壤有机质含量与微生物数量和种类。有研究表明增施有机肥比单施无机肥更利于提高土壤有机碳固存效率。因此，以地力快速培肥结合肥料运筹，将是实现盐碱地农业开发实现绿色可持续发展的关键。

7.1.1 以盐碱地土壤微生物群落调控为核心的地力快速提升原理

长期施用有机肥或者有机与无机肥料配施，不仅有利于提高土壤有机碳储量，还可改良土壤性质，促进土壤碳库的平衡。生物有机肥施用显著提高了土壤的养分，特别是有效的氮磷钾含量。由作物秸秆发酵制成的有机肥对盐渍化土壤的pH值、硝酸根离子含量会产生有益影响，显著降低土壤盐分，缓解土壤次生盐渍化程度，进而提高作物的生物产量和籽粒产量。

在盐碱地土壤中施用微生物肥料可以提高微生物活性，增加微生物代谢产物进而改善土壤质量，为作物提供营养元素和生长物质，提高作物抗盐性。土壤理化性状显著改善，土壤微生物数量碳、土壤的呼吸作用和酶活性也有一定增加。施用生物有机肥不仅可改变土壤微生物群落结构，还可改变微生物对各大类碳源的利用，提高微生物碳源利用率和丰富度。生物有机肥也影响根际土壤中枯萎病菌和主要微生物类群数量，引起土壤微生物群落结构发生变化，提高根际的细菌数量、放线菌及土壤微生物量碳量；土壤细菌和放线菌数量的增加、真菌和尖孢镰刀菌数量的减少均达到显著水平。

7.1.2 盐碱地地力快速提升技术研发

通过设置不同施肥方案和小麦品种以及耕作方式，找出适合当地推广的农田高产技术模式。其中小麦品种选择适合盐碱地的小偃60和当地长期使用的济麦22；施肥管理措施采用微生物技术肥料尝试替代或减少化肥投入同时能达到不减产的效果。减少化肥投入还可以平衡由于添加微生物肥料带来的经济成本，即在不增加或少量增加经济成本的基础上获得更高的粮食产量，使得农民获得实在的经济收益。

本研究在位于滨州市无棣县北海新区的第二晒盐场（二盐）的原地址进行重盐碱地改良试验，种植小麦，试验通过不同有机物料添加，评价不同有机肥处理对土壤结构和盐分的影响。研究普通有机肥和微生物有机肥对盐碱土理化性质、养分以及微生物生物量及三种参与重要元素循环的胞外酶（β-葡萄糖苷酶，几丁质酶，磷酸酶）活性的影响，探明两种有机肥改良效果的异同，厘清微生物活性与土壤盐分之间的关系。同时本研究拟利用显微CT技术对不同处理滨海盐碱土壤的微结构特征进行分析，尝试揭示普通有机肥和微生物有机肥对盐碱土结构影响的过程。

同时，结合盆栽试验，围绕盐碱地土壤团聚体的提升，进而改善土壤渗透性，抑制盐碱地毛管的过程，测定生物有机肥对土壤各级团聚体比例含量，各级团聚体有机碳浓度等指标的影响，分析生物有机肥对土壤大团聚体形成过程和土壤结构改善机制。以便更好理解生物有机肥改良盐碱地土壤的机理，促进土壤有机碳固持的内生机制。

调控途径篇

7.2　重度盐碱地土壤有机碳快速提升

本节研究选取环渤海地区的滨海盐碱土为研究对象，试验地点为山东省滨州市无棣县第二晒盐场（117°51′E，38°04′N）。该地区位于黄河三角洲，土壤类型为滨海盐化潮土，土壤中的主要盐离子为Na^+，来源为地下海水。土壤砂粒、粉粒和黏粒含量分别为77.0%、12.0%和11.0%。该地区为北温带东亚季风区域大陆性气候，年降水分布不均，主要集中在6—9月，年平均气温12℃。2013年9月试验开始前，测定土壤盐分含量为4.2 g/kg，有机质含量为14.9 g/kg，pH为8.1。试验地原为无棣县第二晒盐场，无种植作物史。

试验开始于2013年9月下旬，依据有机肥和微生物对盐碱土土壤结构的潜在影响，试验包含3个处理：化肥处理（F）（底肥为450 kg/hm²复合肥，N：P：K为25：8：7；追肥为尿素225 kg/hm²），普通有机肥处理（FM）（化肥施入量与化肥处理一致，同时添加普通有机肥7 500 kg/hm²）和微生物有机肥处理（FBM）（化肥施入量与化肥处理一致，添加微生物有机肥7 500 kg/hm²）。其中普通有机肥为干牛粪，养分中N，P，K含量分别为2.0%、1.1%和1.7%，有机质含量约20%。微生物有机肥为使用同批次牛粪生产的微生物有机肥（ETS（天津）生物科技发展有限公司提供）。微生物有机肥中有效活菌数≥0.20亿个/g，养分中N，P，K含量分别为2.3%、1.3%和2.0%，有机质含量≥22%。试验设置大区处理，每个大区为20 m宽、200 m长的长方形地块。从2013年10月开始种植冬小麦—夏玉米，每年两季。种植开始前对试验地进行灌溉排水。种植过程中，小麦季灌溉2~3次，玉米季灌溉1次。

土样采集于2013年9月8日，2014年6月13日和2015年6月20日。采样深度为0~20 cm。每个处理分成三段（每段长约67 m）为3个重复，每段随机用直径3.8 cm土钻取一个样品。同时每个点采集约500 g土样,每个处理均为3个重复。每个点采集的土样一部分风干后过2 mm筛,用于土壤理化性质测定;另一部分置于冰箱中4℃下保存测定微生物和溶解性碳指标。土壤容重利用环刀(100 cm³)采集原状土。

土壤有机质测定采用重铬酸钾氧化法;速效钾采用火焰光度计法;碱解氮采用重铬酸钾—硫酸消化法;速效磷采用钼锑抗比色法;pH值采用电位法(1:2.5CaCl₂);全盐采用浸提液烘干称重法测定。土壤阳离子交换量(CEC)采用NaOAc-NH₄OAc法测定。电导率用便携式电导仪测定。

土壤微生物生物量碳(MBC)采用氯仿熏蒸浸提法测定。称取过2 mm筛的去过根的鲜土10 g,熏蒸24 h。同未熏蒸的10 g过2 mm筛的鲜土一起加入40 mL的0.5 mol/L的K_2SO_4,放入离心管中,使用往复式振荡器190 r/min震荡0.5 h,然后用离心机在4 650 r/min下离心15 min至透亮,过滤纸后冰冻保存待测C。溶解性有机碳(DOC)的浓度为未熏蒸部分由K_2SO_4溶液浸提出的C。测定使用碳氮分析仪(Multi 3100)测定。

微生物胞外酶采用改进的荧光底物标记法。三种酶荧光底物采用4-甲基伞形酮(MUF)。对于β-葡萄糖苷酶,使用MUF-b-D-吡喃葡萄糖苷来测定;使用氟代五氯丙酮来测定几丁质酶,使用磷酸钠盐来测定磷酸酶。底物溶解使用2 mL乙二醇甲醚。土壤样品(1 g)加入20 mL去离子水在室温下充分摇匀15分钟。从中吸收50 μL混合液加入100 μL MUF底物和50 μL MES缓冲液中。随后利用多标记分析仪Victor³ 1420-050进行测定,分别在0 min,30 min和60 min测定来获取反应速率。

7.2.1 土壤有机碳的提升

研究表明连续两年施用有机肥(FM)或微生物有机肥(FBM)对土壤中基本理化性质指标影响明显(表7-1)。对于土壤有机碳,施用有机肥(FM)或微生物有机肥(FBM)分别比普通施肥(F)处理提高242.5%和231.9%,其中,施用微生物有机肥处理为显著提高($P<0.05$)。

表7-1 0~20 cm土层不同肥料处理下土壤基本理化性质

	普通施肥(F)	施用有机肥(FM)	施用微生物有机肥(FBM)
有机碳(g C/kg)	4.99 ± 0.72a	17.09 ± 1.08ab	16.56 ± 0.88a

（续表）

	普通施肥（F）	施用有机肥（FM）	施用微生物有机肥（FBM）
pH（1：2.5CaCl₂）	8.16 ± 0.15a	8.07 ± 0.09a	8.05 ± 0.11a
碱解氮（mg/kg）	67.77 ± 5.92b	75.22 ± 12.85ab	87.52 ± 9.02a
速效磷（mg/kg）	23.79 ± 6.62b	41.17 ± 9.41a	38.78 ± 8.03a
速效钾（mg/kg）	801.98 ± 64.0a	898.79 ± 104.02a	838.04 ± 102.15a
容重（g/cm³）	1.43 ± 0.04a	1.38 ± 0.02ab	1.34 ± 0.02b

注：同列数据后不同小写字母表示年内处理间差异显著（$P<0.05$）

对于pH，施用有机肥有降低pH的趋势，但F、FM和FBM三者之间无显著差异。对于土壤肥力指标，施用有机肥（FM）、微生物有机肥（FBM）与普通施肥（F）相比均显著提高土壤中速效磷的含量，微生物有机肥（FBM）与普通施肥（F）相比则显著提高碱解氮的含量。同时，有机肥（FM）、微生物有机肥（FBM）与普通施肥（F）相比分别降低土壤容重0.05 g/cm³和0.09 g/cm³，其中微生物有机肥（FBM）与普通施肥（F）处理间差异达到统计学显著水平（$P<0.05$）。

7.2.2　土壤微生物及其胞外酶活性变化

添加有机肥对滨海盐碱土中微生物含量和活性影响明显。与普通施肥（F）处理相比，土壤中微生物碳含量在施用有机肥（FM）与微生物有机肥（FBM）处理下，分别显著提高89%和120%，但两者之间无显著差异。相似地，与普通施肥（F）相比，FM和FBM处理也显著提升土壤中DOC浓度，分别比普通施肥（F）提高36%和59%。

通过图7-1发现施用有机肥（FM）与微生物有机肥（FBM）均显著影响土壤微生物胞外酶的活性。与常规化肥（F）相比，微生物有机肥（FBM）下β-葡萄糖苷酶，几丁质酶和磷酸酶三种胞外酶活性均显著提高，其中β-葡萄糖苷酶含量达到F处理的2倍。而常规化肥（F）处理也提高了3种胞外酶的活性，但只有对β-葡萄糖苷酶呈现显著增加。

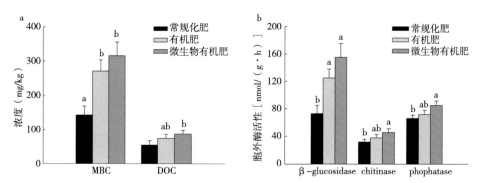

图7-1　三种施肥处理下土壤微生物量碳（MBC）、可溶性碳（DOC）浓度以及
三种胞外酶活性

注：同横坐标数据后不同小写字母表示年内处理间差异显著（$P<0.05$）

7.2.3　土壤盐分变化

种植作物后三种施肥措施下土壤中总盐分均显著下降。对于普通施肥（F）处理，2年后盐分含量从4.1 g/kg降至2.0 g/kg。施用有机肥（FM）处理下土壤盐分同样快速下降，但与F处理下土壤盐分无显著差异。微生物有机肥（FBM）措施下土壤盐分下降最快，在2015年已降至1.2 g/kg，降幅高达72%。且微生物有机肥（FBM）处理下，土壤盐分含量在2014年和2015年均显著低于普通施肥（F）和有机肥（FM）处理（图7-2）。

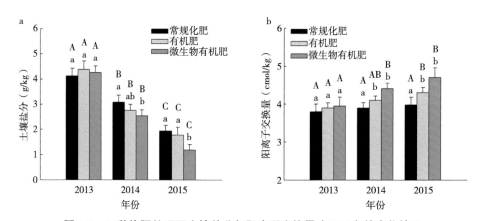

图7-2　三种施肥处理下土壤盐分与阳离子交换量（CEC）的变化情况

注：同横坐标数据后不同小写字母表示年内处理间差异显著（$P<0.05$），A、B、C分别代表2013、2014、2015年不同处理间差异显著（$P<0.05$）

对土壤中阳离子交换量（CEC）进行分析，结果表明微生物有机肥（FBM）处理下CEC在2014年就显著高于2013年，增幅达到0.5 c mol/kg。在FBM处理下2015年CEC仍有增加趋势，但与2014年结果无显著差异。有机肥（FM）处理CEC也随着试验的进行而升高，在2015年达到4.41 c mol/kg，显著高于2013年结果。普通施肥（F）处理下CEC虽然有增加趋势，但是三年间差异不显著。因此，经过两年的试验处理，有机肥（FM）和微生物有机肥（FBM）处理下CEC均显著高于F处理，但FM和FBM处理之间无差异。

7.2.4 结论与展望

以生物有机肥为核心的地力快速提升技术以滨海盐碱地健康土壤调控为基础，通过补充有益微生物提高有机物料归还效率，提高土壤有机质含量，提高蓄水保肥能力，减少化肥损失，提高肥效。本技术通过生物有机肥并配合秸秆还田和多种有机物料减少化肥投入，提高土壤质量。其中，微生物有机肥是在普通有机肥的基础上添加对农田有益的微生物菌发酵制成，主要针对长期施用化肥土壤肥力下降和微生物种群降低的问题。本技术组合微球菌、芽孢杆菌、嗜盐菌等多种微生物菌群，显著提高了土壤有机碳的固持效率及含量。综上，以生物有机肥为核心的地力快速提升技术具有增加土壤中有机碳和速效养分（碱解氮，速效磷和速效钾）含量，降低土壤容重和pH的效果。生物有机肥能够显著降低土壤盐分，提高土壤阳离子交换量以及降低电导率。同时，还能显著增加滨海盐碱土中微生物量和底物含量，提高胞外酶活性。并且，与化肥和普通有机肥相比，微生物有机肥明显改善盐碱土结构，促进团聚体的形成。

7.3 地力快速提升模式下土壤有机碳固持机制

团聚体是土壤结构的重要组成部分。真菌菌丝的物理缠绕作用和分泌的胞外聚合物能够将微团聚体连接成大团聚体。团聚体小颗粒为真菌生长提供了聚集的底物，小颗粒聚成大团聚体。对于盐碱地的微生物，具有适应和忍耐渗透压的机制：一方面，微生物细胞选择性吸收NH_4^+等对自身有利的离子，减少对Na^+等有害盐离子的吸收；另一方面，微生物分泌有机化合物中和土壤溶液和细胞液之间的浓度差。然而，这些适应机制只在一定的土壤盐分浓度范围起作用，当土壤盐分胁迫超过微生物自身的调节能力时，土壤微生物也不能存活以及发挥团聚作用。

本节主要从土壤团聚结构的形成方面，探讨生物有机肥提升盐碱地土壤有机碳并降低土壤盐分的机制。通过盆栽试验，研究生物有机肥对土壤团聚体和团聚体有机碳的影响及其机制。本节研究目标主要有：（1）评价不同土壤盐分浓度条件下生物有机肥对土壤有机碳和团聚体有机碳的影响；（2）探究盐碱地土壤团聚体形成和有机碳的形成过程。研究假设生物有机肥通过增加土壤有机碳，大团聚体数量和颗粒间有机碳含量，改良盐碱地土壤结构。

本研究取五个盐分浓度的试验土壤（表7-2），每个盐分浓度设生物有机肥与不加生物有机肥的常规施肥作为对照。一共10个处理，并设三次重复。生物有机肥处理，按照300 kg N/hm^{2}计算，并根据生物有机肥含氮量1.78%进行折算添加。不加生物有机肥的常规施肥处理，按照300 kg N/hm^{2}计算添加尿素。同时，各处理均添加过磷酸钙与硫酸钾作为磷钾肥。

表7-2　2015年试验土壤的本底值

参数	EC$_{1:5}$（dS/m）				
	0.33	0.62	1.13	1.45	2.04
电导率$_{1:5}$（dS/m）	0.33	0.62	1.13	1.45	2.04
电导率$_e$（dS/m）	10.6±0.6	13.8±3.8	19.6±9.6	23.2±0.26	29.9±9.9
砂粒（%）	43	49	47	47	45
粉粒（%）	37	34	35	36	35
黏粒（%）	20	17	18	17	20
田间持水力（%）	29	30	32	33	35
pH	8.84±0.06	8.80±0.05	8.94±0.06	8.97±0.07	9.00±0.04
总有机碳（%）	0.66±0.02	0.56±0.01	0.45±0.01	0.40±0.01	0.33±0.01
全氮（g/kg）	0.99±0.06	0.85±0.07	0.79±0.08	0.73±0.06	0.57±0.07
速效养分					
P（mg/kg）	12±5.3	11.58±5.7	11.29±6.2	10.38±6.4	9.18±7.2
K（mg/kg）	115±21	133±32	135±34	143±19	156±17
NH$_4^+$-N（mg/kg）	5.5±0.91	5.3±0.88	4.8±0.92	4.5±0.99	4.0±0.82
NH$_3$-N（mg/kg）	5.5±0.09	5.2±0.09	4.4±0.08	3.2±0.07	2.6±0.43

7.3.1 土壤有机碳变化

通过盆栽试验的结果发现（图7-3），在电导率小于1.45 dS/m的土壤条件下，生物有机肥处理的有机碳浓度显著高于对照。其中，在电导率为0.3 dS/m土壤条件下生物有机肥处理的有机碳含量最大，为8.65 g C/kg，比对照增加28.83%。在电导率为0.62 dS/m和1.13 dS/m土壤条件下，生物有机肥处理的有机碳浓度相比对照分别增加21.57%和27.3%。在1.45 dS/m和2.04 dS/m土壤条件下，生物有机肥处理的有机碳浓度高于对照，但是差异不显著。这可能是土壤盐分浓度的增加对微生物有抑制作用，影响了生物有机肥效果的发挥。

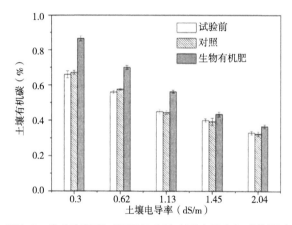

图7-3　生物有机肥对不同盐分浓度下土壤有机碳的影响

7.3.2　土壤团聚体比例和团聚体有机碳

不同施肥处理和对照的泥沙含量占土壤总量的比例是31.86%～66.82%。粒级在53～250 μm的微团聚体比例是18.41%～33.95%。在电导率为0.33 dS/m、0.62 dS/m和1.13 dS/m土壤条件下，生物有机肥处理的大于250 μm的团聚体比例显著高于不施肥处理，增加的比例分别为20.03%、18.51%和20.83%。同时，在电导率为0.62 dS/m和1.13 dS/m土壤条件下，小于53μm的泥沙含量显著低于未施肥土壤，降低的比例分别为16.90%和17.00%。在电导率为2.04 dS/m土壤条件下，虽然生物有机肥处理的大于53 μm的团聚体粒级比例也高于对照，但是差异不显著。在电导率为1.45 dS/m和2.04 dS/m土壤条件下，生物有机肥处理虽然仍能增加大于250 μm团聚体比例含量，但是与对照相比差异不显著（表7-3，图7-4）。

表7-3 生物有机肥各级团聚体有机碳浓度和增加速率

电导率 EC	处理	超大团聚体 (>2 000 μm)		大团聚体 (250~2 000 μm)		微团聚体 (53~250 μm)		泥沙 (<53 μm)	
		C（g C/kg soil）	增加率（%）	C（g C/kg soil）	增加率（%）	C（g C/kg soil）	增加率（%）	C（g C/kg soil）	增加率（%）
0.33	施有机肥	11.44±0.20aA	11.55	5.62±0.15aB	9.26	4.93±0.05aC	2.15	4.47±0.10aD	8.52
	未施有机肥	10.26±0.32bA		5.14±0.09bB		4.83±0.01aC		4.12±0.14bD	
0.62	施有机肥	10.49±0.06aA	9.88	5.03±0.21aB	1.67	4.51±0.04aC	0.10	4.70±0.011aC	13.56
	未施有机肥	9.54±0.14bA		4.94±0.10aB		4.5±0.03aC		4.1±0.06bD	
1.13	施有机肥	9.34±0.16aA	12.30	5.19±0.58aB	2.95	3.93±0.06aC	7.75	3.27±0.26aD	19.40
	未施有机肥	8.32±0.10bA		5.04±0.22aB		3.64±0.06bC		2.74±0.06bD	
1.45	施有机肥	8.21±0.09aA	2.90	5.00±0.15aB	11.73	3.88±0.09aC	13.00	3.40±0.05aD	4.02
	未施有机肥	7.98±0.04aA		4.48±0.07bB		3.44±0.02bC		3.26±0.27aC	
2.04	施有机肥	6.06±0.36aA	6.01	4.52±0.18aB	34.89	2.61±0.08aB	7.21	4.35±0.05aC	3.19
	未施有机肥	5.72±0.14aA		3.35±0.32aB		2.44±0.12bC		4.21±0.05aD	

注：表中的值为平均值（n=3）；大写字母表示不同粒级方向的差异显著性，小写字母表示相同盐分浓度不同施肥处理间差异显著性（P<0.05）

调控途径篇

大于2 000 μm团聚体有机碳浓度范围是5.72～11.44 g C/kg。在土壤盐分浓度和施肥处理相同的条件下，大于250 μm团聚体有机碳浓度显著高于53～250 μm和小于53 μm粒级有机碳浓度。在电导率为0.3 dS/m、0.62 dS/m和1.13 dS/m土壤条件下，生物有机肥处理大于2 000 μm团聚体和小于53 μm泥沙有机碳浓度均显著高于对照，增加的幅度分别为9.96%～12.30%和8.5%～19.34%。在电导率为1.45 dS/m和2.04 dS/m土壤条件下，生物有机肥处理的超大团聚体和泥沙有机碳含量与对照差异不显著。在电导率为1.13 dS/m、1.45 dS/m和2.04 dS/m土壤条件下，生物有机肥处理的53～250 μm团聚体颗粒有机碳浓度显著高于对照，依次增加7.97%、12.79%和6.97%。

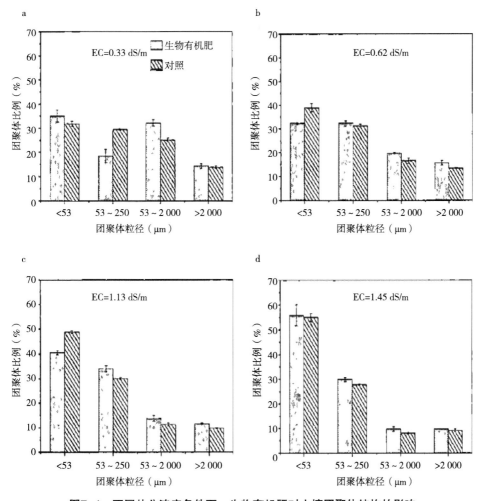

图7-4　不同盐分浓度条件下，生物有机肥对土壤团聚体结构的影响

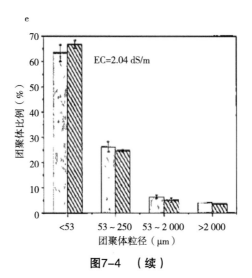

图7-4 （续）

7.3.3 各级土壤团聚体加权有机碳浓度

大于2 000 μm团聚体内加权有机碳浓度是0.2 ~ 1.91 g C/kg（表7-4）。随着盐分浓度的升高，有机碳量减少，土壤电导率为0.33 dS/m、0.62 dS/m和1.13 dS/m的条件下，生物有机肥处理大于2 000 μm加权有机碳浓度显著高于对照，分别增加20.76%、28.94%和34.00%。在电导率为1.45 dS/m和2.04 dS/m土壤条件下，生物有机肥处理的大于2 000 μm加权有机碳浓度与对照差异不显著。土壤盐分浓度相同的条件下高于其他粒级的团聚体加权有机碳浓度。对于250 ~ 2 000 μm的团聚体加权有机碳浓度，每个盐分浓度的土壤施肥处理都显著高于对照。泥沙颗粒碳在各级盐分浓度团聚体中施肥处理未见高于对照。

对于大于2 000 μm和250 ~ 2 000 μm团聚体内颗粒有机碳（iPOM），施用生物有机肥的处理大多数低于对照（表7-5），其中在土壤盐分浓度为0.33 dS/m、0.62 dS/m、1.13 dS/m条件下，生物有机肥处理的大团聚体中iPOM显著低于对照；生物有机肥处理的大团聚体和微团聚体（53 ~ 250 μm）泥沙有机碳含量都显著高于对照。这说明泥沙有机碳含量的增加有助于大团聚体的形成，iPOM增加并不能直接促进大团聚体的形成。而各级团聚体含有的泥沙有机碳量除电导率为2.04 dS/m外，其他浓度土壤条件下生物有机肥有机碳含量都显著高于对照。

表7-4 生物有机肥处理各级团聚体有机碳加权浓度和增加速率

电导率 (dS/m)	处理	超大团聚体 (>2 000 μm) 有机碳加权浓度 (g C/kg soil)	增加率 (%)	大团聚体 (250~2 000 μm) 有机碳加权浓度 (g C/kg soil)	增加率 (%)	微团聚体 (53~250 μm) 有机碳加权浓度 (g C/kg soil)	增加率 (%)	泥沙 (<53 μm) 有机碳加权浓度 (g C/kg soil)	增加率 (%)
0.33	施有机肥	1.91±0.20Aa	20.76	1.28±0.20Ad	20.01	2.10±0.42Ab	15.05	1.50±0.12Ac	-12.85
	未施有机肥	1.58±0.14Bb		1.07±0.01Bc		1.82±0.02Ba		1.72±0.01Ab	
0.62	施有机肥	1.76±0.06Aa	28.94	1.07±0.01Ac	21.72	1.74±0.21Ab	5.21	1.56±0.01Aab	-16.66
	未施有机肥	1.37±0.02Bb		0.88±0.01Bc		1.66±0.06Ab		1.88±0.05Aa	
1.13	施有机肥	1.09±0.07Ab	34.00	0.72±0.06Ac	25.66	1.76±0.66Aa	16.4	1.59±0.04Aa	-10.55
	未施有机肥	0.81±0.02Bc		0.57±0.01Bd		1.51±0.11Bb		1.78±0.03Aa	
1.45	施有机肥	0.83±0.01Ac	12.38	0.49±0.01Ad	34.19	1.49±0.12Ab	19.64	2.17±0.37Aa	14.09
	未施有机肥	0.73±0.02Ac		0.37±0.01Bd		1.25±0.02Bb		1.90±0.04Aa	
2.04	施有机肥	0.28±0.01Ac	41.57	0.29±0.01Ac	71.64	1.19±0.35Ab	44.35	1.67±0.25Aa	2.31
	未施有机肥	0.20±0.02Ac		0.17±0.02Bc		0.83±0.12Ab		1.63±0.19Aa	

注：大写字母表示不同粒级方向的差异显著性，小写字母表示同一施肥处理相同盐分浓度不同施肥处理间差异显著性（P<0.05）

表7-5　生物有机肥的大团聚体和微团聚体中颗粒有机碳浓度（g C/kg团聚体）

电导率(dS/m)	处理	超大团聚体 (>2 000 μm)			大团聚体 (250~2 000 μm)			微团聚体 (53~250 μm)	
		粗iPOM (>250 μm)	细iPOM (53~250 μm)	泥沙有机碳 (<53 μm)	粗iPOM (>250 μm)	细iPOM (53~250 μm)	泥沙有机碳 (<53 μm)	细iPOM (53~250 μm)	泥沙有机碳 (<53 μm)
0.33	施有机肥	0.88±0.03b	2.06±0.04b	3.00±0.22a	0.67±0.03b	1.93±0.05b	2.75±0.15a	3.73±0.08a	2.66±0.09a
	未施有机肥	1.38±0.11a	3.03±0.05a	1.37±0.01b	1.11±0.04a	3.17±0.05a	1.29±0.05b	3.05±0.03b	2.09±0.02b
0.62	施有机肥	0.59±0.02b	2.26±0.06b	2.30±0.07a	0.51±0.04b	2.15±0.07b	2.86±0.04a	3.71±0.18a	2.11±0.02a
	未施有机肥	0.88±0.03a	3.13±0.10a	1.21±0.09b	0.94±0.07a	2.62±0.13a	1.77±0.02b	2.79±0.05b	1.33±0.03b
1.13	施有机肥	0.32±0.04b	2.37±0.13b	1.91±0.02a	0.35±0.00b	1.66±0.07b	2.99±0.11a	2.67±0.04a	2.07±0.01a
	未施有机肥	0.47±0.03a	3.27±0.07a	1.21±0.08b	0.55±0.01a	2.65±0.16a	1.40±0.05b	1.80±0.01b	1.38±0.04b
1.45	施有机肥	0.29±0.03a	2.5±0.14a	1.53±0.04a	0.30±0.03a	2.59±0.06b	1.37±0.03a	2.40±0.04a	1.33±0.05a
	未施有机肥	0.29±0.03a	2.41±0.17a	0.90±0.05b	0.37±0.01a	2.81±0.04a	0.97±0.056	1.99±0.05b	1.01±0.05b
2.04	施有机肥	0.26±0.02a	1.28±0.05a	1.38±0.03a	0.24±0.01a	1.83±0.01b	1.51±0.05a	1.78±0.01a	0.93±0.05a
	未施有机肥	0.19±0.01a	1.32±0.12a	0.77±0.05b	0.29±0.02a	2.16±0.04a	1.19±0.01b	1.27±0.03b	1.11±0.11a

注：小写字母表示相同盐分浓度不同施肥处理间差异显著性（$P<0.05$）

微团聚体有机碳含量与大团聚体含量、超大团聚体含量均呈显著的线性关系（图7-5）。大于250 μm大团聚体含量与泥沙有机碳含量呈显著的多项式关系（图7-5）。大团聚体与微团聚体含量的比值与泥沙有机碳浓度之间也呈显著的线性关系（$y=0.54+1.73x$，$R^2=0.54$，$P<0.05$）。大团聚体与泥沙含量的比值和泥沙有机碳含量呈显著的多项式关系，但是泥沙含量与超大团聚体或大团聚体含量关系不显著（图7-6）。

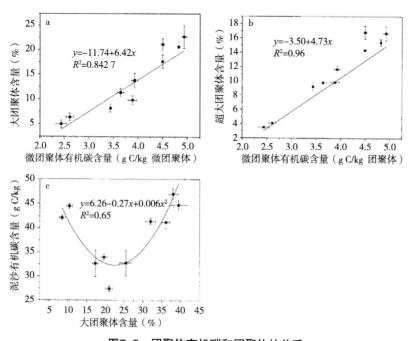

图7-5 团聚体有机碳和团聚体的关系

注：（a）微团聚体有机碳含量与大团聚体含量关系；（b）微团聚体有机碳含量与超大团聚体含量关系；（c）大团聚体含量与泥沙有机碳含量的关系

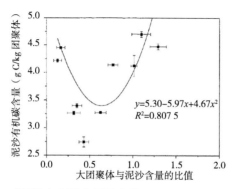

图7-6 大团聚与泥沙含量的比值和泥沙有机碳含量的关系

7.3.4 结论与展望

土壤有机碳的增加一方面是因为作物残体和根分泌物增加，使得微生物可利用的底物增加；另一方面，植物生物量增加提高了土壤难溶性无机碳的分解，有利于土壤的改良。施用生物有机肥能够显著增加电导率小于微重度盐碱地土壤的有机碳。在中低盐碱地土壤条件下，>2 000 μm和250 ~ 2 000 μm两个团聚体粒级的比例显著高于对照。同时，泥沙含量显著低于对照。在中低盐碱地土壤条件下，不仅>250 μm粒级的团聚体比例显著增加，而且泥沙颗粒有机碳浓度也有显著增加。泥沙颗粒表面通过配位交换和阳离子吸附力可以吸附更多的有机碳。目前的研究表明泥沙有机碳含量与大团聚体比例显著相关表明泥沙有机碳在大团聚体形成过程中具有很重要的作用。泥沙中富含有机碳，所以泥沙比例的减少使得土壤结构变得粗糙。另外泥沙有机碳含量是不稳定的，受耕作管理方式等因素的影响很大。微团聚体有机碳与大团聚体比例关系紧密，说明微团聚体有机碳浓度的增加也能提高大团聚体含量。泥沙有机碳浓度与大于250 μm大团聚体之间存在多项式的关系，大团聚体比例超过22.5%时，泥沙有机碳浓度与大团聚体有机碳含量呈单调递增的关系。推断生物有机肥通过提高泥沙有机碳浓度促进微团聚体的形成，进而形成大团聚体。

本研究中，生物有机肥处理的大团聚体和微团聚体有机碳（iPOM）浓度低于对照。这表明在土壤中施用生物有机肥可以促进iPOM的分解。另外，生物有机肥处理的泥沙有机碳量也增加，这表明生物有机肥引起的颗粒有机碳的增加主要集中在泥沙颗粒中。这一发现与前人的研究不同，部分研究认为微团聚体中的iPOM对有机碳增加作用更大。也有很多学者与论文的研究一致，即颗粒有机碳更易分布在泥沙颗粒中，iPOM有机碳稳定性小于泥沙中的有机碳。因此，微团聚体中iPOM有机碳的增加主要源于外源有机碳而不是土壤内部有机碳。

团聚体粒级比例和颗粒有机碳浓度受土壤盐分浓度的影响很敏感。随着土壤盐分浓度的增加，>2 000 μm粒级团聚体逐渐减少。盐碱地作物对水分和养分的吸收很困难，导致作物生长受阻，植被减少，使进入土壤中的有机物减少。在土壤中施入生物有机肥不仅增加了土壤有机碳浓度，而且为植物生长提供了更多的营养物质，促进了作物的生长发育，返还到土壤中的有机物也会相应增加。在轻中度盐碱地土壤，随着土壤盐分浓度的升高，生物有机肥提高了泥沙有机碳的浓度和53 ~ 250 μm团聚体颗粒的比例。这些进一步促进了>2 000 μm和250 ~ 2 000 μm粒级团聚体的形成。在微重和重度盐碱地，生物有机肥处理的团聚体粒级比例变化与对照的差异不显著。这表明生物有机肥可以增加土壤有机质，但是很多微生物不能在较高的盐碱地土壤中生存。当盐分对微生物的胁迫作用大于微生物的耐受能力，生物有机肥改良盐碱地土壤的效果就会减弱。在电导率为2.04 dS/m的土壤条件下，生物有机肥处理<53 μm团聚体比例小于对照，但是差异不显著。土壤盐分浓度的增加与细菌耐盐性没有一个固定的关系，增加土壤盐分会提高细菌的耐盐性。当土壤盐分浓度高于微生物耐盐范围的上限时，生物有机肥就不能够有效的改良盐碱土。

团聚体是土壤结构的基本组成单位。土壤水盐运动受土壤结构影响显著。黏土质地细密，地下水蒸发引起的毛管水上升受到阻碍，临界深度不大，这种类型的土壤结构不易发生盐渍化。砂质壤土毛管孔隙居中，地下水蒸发量大，盐分上升速率较快，这样的土壤最容易发生地表积盐；砂质土土壤毛管孔隙最大，虽然地下水上升速度很快，但是达到的高度较低，因此这种土壤结构较易发生盐渍化。黄河三角洲盐碱地土壤中，土壤结构的形成主要受母质沉积的影响，多以砂质土和砂质壤土为主。生物有机肥使得盐碱地土壤大团聚体比例增加，而且存在深度一般在地表10～15 cm，相当于土壤中层土壤粒径大于上下层土壤。饱和导水率加强，由水动力学规律可知，水分入渗过程中，土壤孔隙度发生变化，进而改变了垂直方向上的土壤水势，土壤入渗过程受阻，速率减慢。土壤中间阶段的含水量逐渐增加，水吸力减弱。当水分进入大孔隙土层，供给充足的条件下，土壤入渗率随时间延长而减弱，当水分进入夹层下界面即底层上界面时，入渗率基本恒定，进入稳定入渗阶段，此时的渗透率小于垂直方向上结构不变土壤。由此分析得出，生物有机肥改变了土壤团聚体结构，进而改变了盐碱土水盐运动规律，减少盐分入渗到地下水，同时减少返盐。达到改良盐碱地土壤的目的。

综上，在中低盐碱地土壤中，与对照相比生物有机肥能够显著提高土壤有机碳浓度，增加大团聚体比例，同时伴随泥沙含量的减少。土壤盐分浓度继续升高时，生物有机肥处理的土壤大团聚体和泥沙比例也有变化，但是与对照差异不显著。生物有机肥处理增加的有机碳主要集中在大于2 000 μm团聚体和小于53 μm的泥沙颗粒中。不同粒级团聚体密度分级的结果表明，团聚体有机碳的积累主要是在泥沙颗粒部分而不是在粗糙颗粒和精细颗粒，这是由于生物有机肥促进了微团聚体有机碳（iPOM）的分解。生物有机肥对盐碱地土壤团聚体和团聚体有机碳的影响随着盐分浓度的升高而降低。在微重度和重度盐碱地土壤，生物有机肥对团聚体的影响不明显。大团聚体的形成与微团聚体和泥沙有机碳浓度显著相关。泥沙有机碳增加然后聚合成微团聚体，最终形成大团聚体。

7.4 地力快速提升模式对作物产量的影响

土壤盐分浓度是限制作物产量的重要因素之一，当土壤盐分浓度降到作物可以忍受的限度以下时，作物产量会显著增加。黄河三角洲滨海盐碱土未耕作过的土地面积大约占到该区域中低产田总量的1/4。盐碱地土壤中含有的高浓度盐分使得作物生长不良，产量低，不能满足该区域的粮食需求。前人曾用不同的方法改良盐碱地土壤，包括综合改良措施，如井灌井排、化学试剂改良、物理改良等，这些措施都取得了一定的效果。但是，改良的效果不能维持很长时间，而且盐碱地区域需要提供大量的灌溉水。施用生物有机肥可以改善土壤结构，影响土壤水盐运动过程，控制水分蒸发和抑制返盐。另外，改良成本相对较低，不会产生二次污染，因此利用生物有机肥改良盐碱土是一项适宜的环境友好型方法。本节以上节中的盆栽试验为基础，重点探讨生物有机肥对黄河三角洲盐碱区春玉米生物量与产量的影响，以评估滨海盐碱地地力快速提升技术对作物产量的潜在作用。

7.4.1 生物有机肥对春玉米生物量的影响

相同施肥处理的春玉米总生物量随着盐分浓度的升高而降低。在0.33 dS/m、0.62 dS/m和1.13 dS/m盐分浓度土壤中，生物有机肥处理的春玉米总生物量显著高于对照，分别增加28.81%、28.92%和35.66%。而在1.45 dS/m和2.04 dS/m盐分浓度土壤中，虽然生物有机肥处理的总生物量仍高于对照，但是差异不显著，增加的幅度分别为6.01%和9.41%（图7-7）。

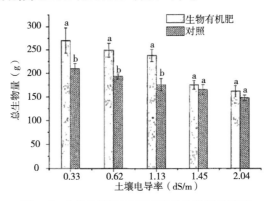

图7-7 生物有机肥对春玉米总生物量的影响

在0.33 dS/m、0.62 dS/m和1.13 dS/m盐分浓度土壤中，生物有机肥处理的春玉米根干重仍然显著高于对照，增加幅度分别为29.88%、32.59%和34.69%。在1.45 dS/m和2.04 dS/m盐分浓度土壤中，生物有机肥处理的根生物量与对照相比，增加的幅度分别为15.62%和6.10%，但是差异都不显著。随着盐分浓度的升高，施有机肥处理和对照的春玉米根干重都呈减小的趋势（图7-8）。

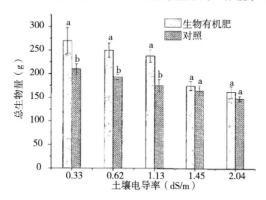

图7-8　生物有机肥对根生物量的影响

7.4.2　生物有机肥对春玉米产量的影响

在五个盐分浓度土壤中，对照和生物有机肥处理的春玉米产量范围分别为28.19~120.01 g/株和20.88~90.83 g/株。对于对照和生物有机肥处理来说，春玉米产量都是在土壤盐分浓度由1.13 dS/m到1.45 dS/m时下降最快，分别达到45.65%和45.05%。相同盐分浓度土壤中，生物有机肥处理产量高于对照，其中在0.33 dS/m、0.62 dS/m和1.13 dS/m盐分浓度土壤中增加的比较显著，1.45 dS/m和2.04 dS/m盐分浓度土壤差异不显著（图7-9）。

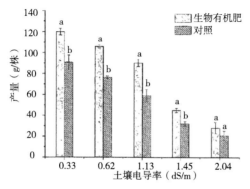

图7-9　施用生物有机肥对春玉米产量的影响

7.4.3 结论与展望

生物有机肥可以显著增加春玉米生物量。可能的原因有两个方面：第一，生物有机肥改善了土壤理化性质，减少了盐分对春玉米的胁迫程度；第二，提高了春玉米本身的抗性。盐碱地土壤具有高的含盐量和高pH值，结构性较差，渗水困难，排水不良。这些都限制了当地农业的发展。在粮食安全日益重要的今天，改良盐碱地土壤提高作物产量是一个迫切需要解决的问题。多年的改良实践中，前人应用了很多物理化学等的改良方法，总结了一整套改良盐碱地土壤可行的技术措施。其中生物有机肥被证明是一个有效的管理方式。相同土壤盐分浓度条件下，与对照相比，生物有机肥处理可以提高春玉米产量。并且在轻中度盐碱地土壤条件下，产量差异显著。有研究表明生物有机肥可以改善盐碱地土壤养分，提高玉米产量。生物有机肥中含有大量的有机物和多种微生物，二者结合加之土壤酶的存在，可以释放大量的有机酸，降低土壤pH，有利于土壤养分含量的释放，进而促进春玉米的生长和产量的提高。

综上，在中低盐分浓度条件下，与对照相比，生物有机肥处理能够显著提高春玉米总生物量，并且根部生物量增加明显，有较大的根冠比，春玉米产量也相应增加。灭菌后的生物有机肥处理，生物量和产量相比对照也有较大的提高，但是效果低于未灭菌的有机肥。在重度盐碱地，生物有机肥处理春玉米生物量、产量等因素与对照相比，虽然也有增加，但是差异不显著。

参考文献

陈健成，王会，马荣辉，等，2020. 有机无机物料改良盐渍土研究进展[J]. 土壤通报，51（5）：1255-1260.

程煜，乔若楠，丁运韬，等，2021. 化肥减量和有机替代对重度盐渍土水盐特性及向日葵水氮利用效率的影响[J]. 植物营养与肥料学报，27（11）：1981-1992.

范富，张庆国，邸继承，等，2015. 玉米秸秆夹层改善盐碱地土壤生物性状[J]. 农业工程学报，31（8）：133-139.

谷思玉，耿泽铭，汪睿，等，2014. 不同配比生物有机肥对盐渍土改良效果的分析[J]. 东北农业大学学报，45（7）：26-30.

米迎宾，杨劲松，姚荣江，等，2016. 不同措施对滨海盐渍土壤呼吸、电导率和

调控途径篇

有机碳的影响[J]. 土壤学报，53（3）：612-620.

欧阳竹，王春晶，娄金勇，等，2022. 构建现代生态循环农业模式，支撑盐碱地农业高质量发展[J]. 中国农村科技（12）：15-19.

欧阳竹，王竑晟，来剑斌，等，2020. 黄河三角洲农业高质量发展新模式[J]. 中国科学院院刊，35（2）：145-153.

谭军利，康跃虎，窦超银，2013. 干旱区盐碱地覆膜滴灌不同年限对糯玉米生长和产量的影响[J]. 中国农业科学，46（23）：4957-4967.

严慧峻，刘继芳，张锐，等，1997. 黄淮海平原盐渍土有机质消长规律的研究[J]. 植物营养与肥料学报（1）：1-8.

张建兵，杨劲松，李芙荣，等，2014. 有机肥与覆盖对苏北滩涂重度盐渍土壤水盐调控效应分析[J]. 土壤学报，51（1）：184-188.

张乃丹，宋付朋，张喜琦，等，2020. 速缓效氮肥配施有机肥对滨海盐渍土供氮能力及小麦产量的影响[J]. 水土保持学报，34（06）：337-344.

张子璇，牛蓓蓓，李新举，2020. 不同改良模式对滨海盐渍土土壤理化性质的影响[J]. 生态环境学报，29（02）：275-284.

赵海军，李宗新，林海涛，2021. 滨海盐碱地粮食作物丰产增效[M]. 北京：中国农业科学技术出版社.

周慧，史海滨，张文聪，等，2021. 有机无机氮配施对不同程度盐渍土硝化和反硝化作用的影响[J]. 环境科学，42（10）：5010-5020.

朱庭芸，何守成，1985. 滨海盐渍土的改良和利用[M]. 北京：农业出版社.

Cong P F, Ouyang Z, Hou R X, et al., 2017. Effects of application of microbial fertilizer on aggregation and aggregate-associated carbon in saline soils[J]. Soil and Tillage Research, 168：33-41.

Liu G M, Zhang X C, Wang X P, et al., 2017. Soil enzymes as indicators of saline soil fertility under various soil amendments[J]. Agriculture Ecosystems and Environment, 237：274-279.

Wang S B, Gao P L, Zhang Q W, et al., 2022. Application of biochar and organic fertilizer to saline-alkali soil in the Yellow River Delta：Effects on soil water, salinity, nutrients, and maize yield[J]. Soil Use and Management, 38（4）：1679-1692.

调控途径篇

Wang S B, Gao P L, Zhang Q W, et al., 2023. Biochar improves soil quality and wheat yield in saline-alkali soils beyond organic fertilizer in a 3-year field trial[J]. Environmental Science and Pollution Research, 30（7）: 19097−19110.

Wu L P, Wang Y D, Zhang S R, et al., 2021. Fertilization effects on microbial community composition and aggregate formation in saline-alkaline soil[J]. Plant and Soil, 463（1-2）: 523−535.

Wu Y P, Li Y F, Zheng C Y, et al., 2013. Organic amendment application influence soil organism abundance in saline alkali soil[J]. European Journal of Soil Biology, 54: 32−40.

Zhang T, Zhang J Q, Wang T, et al., 2016. Effects of organic matter on Leymus chinensis germination, growth, and urease activity and available nitrogen in coastal saline soil[J]. Toxicological and Environmental Chemistry, 98（5-6）: 623−629.

Zhu L, Jia X, Li M X, et al., 2021. Associative effectiveness of bio-organic fertilizer and soil conditioners derived from the fermentation of food waste applied to greenhouse saline soil in Shan Dong Province, China[J]. Applied Soil Ecology, 167.

调控途径篇

8 黄河三角洲滨海盐碱区耐盐牧草种植模式

黄河三角洲地区有着面积巨大的盐碱地中低产田，传统农业的开发面临着产量低、技术模式缺乏、效益不高和水资源消耗过大等问题。针对独特的资源禀赋和生态环境特征，亟待从水资源现状的角度，突破现有盐碱地利用存在的问题。以耐盐牧草种植的绿色开发，可改良盐碱，提高土壤生产力，构筑发展黄河三角洲乃至环渤海地区中低产田生态草牧业，实现环渤海地区绿色发展新需求。

"滨海草带"理念是中国科学院院士李振声近20年来在滨海中重度盐碱地改良利用过程中逐步形成的。其内涵是以生态保护为根本，以区域内水土资源合理配置为基础，围绕滨海牧草草带绿色高效种植，以全产业链构建为导向，构建滨海现代化农牧业。其核心是依据离近海的距离远近，以及土壤盐碱含量与水盐动态变化规律，培育优质适宜的牧草和生态草，创新节水改土工程技术，发展现代栽培与养殖技术体系，创新盐碱地生态草牧业发展模式。

在我国牛羊肉消费量快速增加，粮食产量的50%用作饲料粮的背景下，加快发展草牧业已成为我国农业供给侧结构性改革的重要抓手。通过调整黄河三角洲地区中低产田的种植结构，加大人工牧草种植的面积，利用牧草代替部分饲料粮来发展畜牧养殖，将为我国包含动物蛋白食品在内的"大粮食安全"做出重要贡献。

8.1 滨海盐碱区耐盐牧草筛选

面向黄河三角洲盐碱地生态建设和草牧业发展需求，在试验示范区开展了耐盐植被物种和饲草作物筛选、引进、耐盐性鉴定和配套栽培技术研究。在盐碱地生态建设方面，引进景观效果好、耐盐性强的各类耐盐植物，筛选出适合于黄河三角洲盐碱地生长的高耐盐品种20余种，包括：狐米草、大米草、互花米草、罗布麻、狗牙根、扁蓄、黄花补血草、盐节木、高碱蓬、盐爪爪、白刺、盐地碱蓬、异子蓬、囊果碱蓬、千屈菜、耳叶补血草、盐角草、大叶补血草、盐穗木、柽柳、碱地肤和草木樨等。构建了黄河三角洲高耐盐植物春季覆膜和膜间撒播种植技术，基于此技术，各类植物春季出苗率在70%以上。

在盐碱地牧草种植方面，筛选引进了500余份（包括同一品种不同品系）耐盐牧草，包括甜高粱、青贮玉米、燕麦、苜蓿、小黑麦、羊草等优质耐盐饲草，其中甜高粱148份，青贮玉米198份（表8-1），建立了20亩的耐盐牧草资源圃。筛选的植物品种，在前期试验区和示范区土地整理、培肥和灌溉基础上，进行了播种，田间调查结果显示，耐盐牧草品种中有80余种耐盐牧草存活率较高包括甜高粱、苜蓿、青贮玉米、墨西哥玉米、高丹草、皇竹草、汉麻、甜菜等。但由于后期夏季集中降雨来临，加之田间排水不畅，导致了土地涝渍严重，一些不耐涝的品种大面积死亡。但仍有部分品种表现良好，如青贮玉米、甜高粱、构树等。此外，在秋季，充分利用雨后土壤高湿、低盐的条件，进行了多年生牧草和植物的补种，种后出苗状况良好。这为黄河三角洲盐碱地生态建设和草牧业发展提供了丰富的种质资源。此外，建立了耐盐经济作物季节适应性原土种植，初步提出了适合当地的盐生饲草种植、加工利用模式，建立了中度盐碱地耐盐牧草种植、构建了重度盐碱地构树种植技术等技术体系，为黄河三角洲盐碱地植被建设和饲草种植提供了技术储备。

表8-1 收获期甜高粱及饲用玉米种质资源产量性状统计特征

	饲用玉米		甜高粱		
	穗重（g）	单株重（g）	单株重（g）	株高（cm）	垂度（%）
材料数	198	198	148	148	148
平均值	78.2	177.6	140.3	163.6	17.1
标准差	35.1	73.0	108.3	40.4	2.8
最小值	14.2	42.1	22.0	75.0	9.1
最大值	180.3	440.3	580.0	278.0	23.9

建立了盐碱地耐盐饲草作物苜蓿和甜高粱高效种植示范区，其中，甜高粱示范面积100亩，春季播种后，甜高粱出苗率在65%以上，至收获期，平均鲜草产量达到了90 t/hm²；苜蓿示范面积100亩，由于春季错过了播种时间，同时土壤干旱明显，在秋季雨后进行播种，出苗率在75%以上，第一年还没有进行

刈割；建立了40亩的盐碱地快速改良作物稳产的综合配套技术试验示范区，当年玉米产量达到了6 t/hm²以上；结合核心示范区，建立了春季盐碱土结构性改良和咸水灌溉技术展示示范田10亩，当年土壤盐分降低至0.3%以下，油葵出苗率在75%以上。

8.2 滨海盐碱区甜高粱产量形成及其调控途径

甜高粱是我国新兴的饲料、糖料和能源作物，近年来在边际土地开发利用上受到推崇。它与青贮玉米（*Zea mays* L.）具有较高的相似性，同时兼具生产生物质能和饲料的潜力。与青贮相比，甜高粱比青贮玉米能生产更多的干物质，肥料投入更少，因此成本更低，而粗蛋白产量与前者相似，并且产量受到盐分的影响会更小。但是与青贮玉米和苜蓿等牧草相比，关于甜高粱种植和管理实践的信息仍然很少，限制了甜高粱在中国的推广。因此，应进一步推进盐胁迫下甜高粱种植的相关研究。

中国盐碱地的分布区气候、土壤条件的差异大，滨海盐碱地和内陆盐碱地在成因上的不同可能造成甜高粱在生产上的差异，对管理措施的需求可能也不同。盐碱地中的植物通常有缺氮表现，而氮肥的有效性又与土壤含盐量相关，这种特性在高粱类作物中也得到证实。甜高粱种植的施肥管理方式中，合理施氮量仍存在争议。此外，甜高粱生物量积累和肥料利用效率对气候和土壤条件的响应尚未得到很好的探索（Li et al., 2023）。为全面了解甜高粱在滨海盐碱区中的种植表现以及环境和养分管理措施的效应，并比较滨海盐碱地与内陆盐碱地在甜高粱生产上的差异我们综合了盐碱区甜高粱种植相关的文献数据，解析影响滨海盐碱地和内陆甜高粱产量和氮素利用效率的主要因素；并评价哪些管理方法对盐碱地甜高粱的种植有效，为优化及制定相应的种植技术提供依据。

在这里我们重点关注文献中甜高粱产量和氮素偏利用效率对气候、土壤和农业管理措施的响应。采用Kruskal-Wallis非参数检验的方法比较滨海和内陆盐碱地的各项因子的差异性，并通过Wilcoxon检验对组间差异进行多重比较。随后，采用混合线性效应模型研究对甜高粱产生显著影响的环境、土壤和农业管理措施。最后建立结构方程模型，对盐碱地甜高粱种植的影响因素形成系统性的理解。

调控途径篇

8.2.1　土壤理化性质对甜高粱产量和氮素利用效率的影响

综合目前已发表文献的255条有效数据，滨海盐碱地甜高粱的产量为19 082.48 ± 8 262.75 kg/hm^2，氮素偏利用效率（NPFP）为107.29 ± 51.44 kg/kg，均显著低于内陆盐碱区。这有可能是滨海和内陆地区土壤理化性质差异所致。滨海盐碱地土壤有机质含量显著低于内陆盐碱地，而平均含盐量显著高于内陆盐碱地（表8-2）。混合效应模型结果表明，盐分显著抑制内陆和滨海盐碱区甜高粱的产量和养分利用效率（图8-1）。与内陆盐碱地不同，土壤pH对滨海盐碱地甜高粱的产量和氮素利用效率均没有显著影响。总而言之，盐分是制约滨海盐碱地的主要土壤因子。对内陆盐碱地，SOM是影响甜高粱氮素利用效率的首要因素（标准化系数0.37，$P<0.001$），产量和氮素利用效率均随有机质含量升高而降低。滨海盐碱地因整体有机质含量偏低，无法确定有机质含量变化对甜高粱生产的影响。

表8-2　盐碱区土壤条件描述性统计

	内陆盐碱地				滨海盐碱地				P
	Mean	SD	Min	Max	Mean	SD	Min	Max	
pH	8.5	0.58	7.12	9.43	8.07	0.22	7.5	8.38	***
有机质/（g/kg）	16.03	17.01	0.7	88.5	7.22	1.95	2.41	9.30	***
全氮/（g/kg）	0.8	0.3	0.34	1.49	0.95	0.43	0.41	1.65	0.084
土壤盐分/（g/kg）	1.99	1.94	0.22	5.97	2.88	0.69	1.82	4	***

注：***表示$P<0.001$

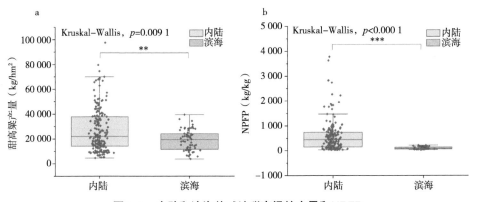

图8-1　内陆和滨海盐碱地甜高粱的产量和NPFP

8.2.2　气候对甜高粱产量的影响

　　滨海盐碱地降水量显著高于内陆盐碱地，因此对滨海盐碱地而言降水量并不是产量和氮素利用效率的限制因素。温度是对滨海盐碱地甜高粱产量和氮素利用效率有显著影响的气候因素，随温度升高，产量和氮素利用效率增大。但相对于农业管理措施和土壤性质，气候不处于影响滨海盐碱地甜高粱的主导地位。这点和内陆盐碱地不同，对内陆盐碱地气候是主导产量的因素。降水是决定甜高粱产量的最重要因素，这种效应主要由土壤含盐量、pH和有机质介导。降水量对内陆盐碱地甜高粱氮素利用效率有直接的负效应，且间接效应同样通过土壤pH、盐分和土壤有机质含量介导。

8.2.3　农业管理对甜高粱产量和氮素利用效率的影响

　　对于滨海盐碱地而言，土壤条件对产量的限制能够通过农业管理措施缓解，施氮量是生物量产量的关键驱动因素，施氮可以显著提高甜高粱的产量，而磷肥和钾肥对产量没有显著影响。与滨海盐碱地不同，施氮对内陆盐碱地甜高粱产量没有显著的促进作用，但是与甜高粱氮素利用效率显著负相关，对滨海盐碱地甜高粱氮素利用效率没有显著影响，此外，种植密度和种植周期对氮素利用效率也没有影响。（图8-2，图8-3）。

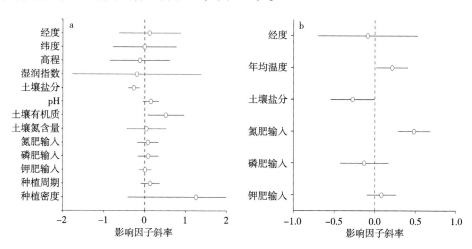

图8-2　内陆和滨海盐碱区甜高粱生物产量及NPFP对各因子的响应

　　注：a为内陆产量；b为滨海盐碱区产量；c为内陆氮素偏利用效率；d为滨海盐碱区氮素偏利用效率

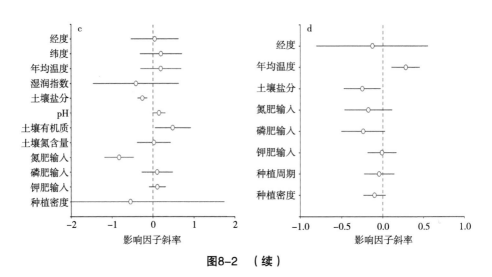

图8-2　（续）

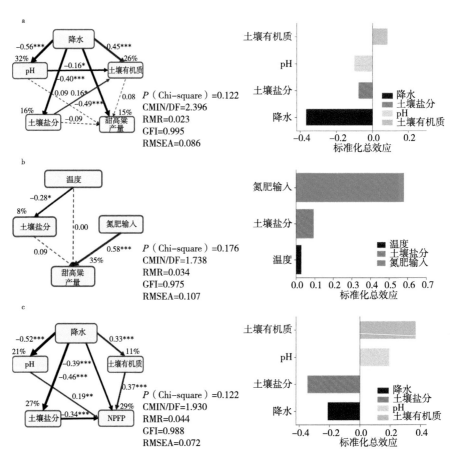

图8-3　滨海（a）和内陆（b）地区甜高粱产量和氮素利用效率（c）的结构方程模型结果

　　本研究通过整合文献数据，首次对中国盐碱地甜高粱种植的影响因素进行了较为全面的评估，以期阐明在盐分及其他环境因素影响下，通过人为管理实现甜高粱高效种植的可行方案。我们的研究强调了滨海和内陆盐碱地上甜高粱产量和养分利用主导因素的不同，尤其是对氮素响应的差异。这些发现为将来甜高粱的种植管理以及盐碱地改良方式提供了参考。

　　对国内甜高粱种植而言，尽管滨海盐碱区的水热条件和养分投入量远高于内陆盐碱区，但是内陆盐碱区甜高粱的产量表现和氮素利用率要高于滨海盐碱区，这可能是气候、土壤条件所决定的。滨海盐碱区主要分布在中国的东部沿海，降水量上差异极小，对甜高粱产量的影响不明显。纬度差异引起的温度差异是滨海盐碱区甜高粱产量主要的气候影响因素。尽管温度影响显著，在滨海盐碱区盐分有限的条件下，养分管理是主导甜高粱产量的最关键因素。在滨海盐碱区，土壤全氮含量和有机质含量有限的条件下，施氮可以快速提高土壤中植物可利用的无机氮，从而获得增产。

　　土壤理化性质是最直接影响作物水分、养分吸收用的因素。盐对植物生产的抑制作用已经有很多的研究。很多研究表明有机肥能提高植物对盐的耐受程度，在根区土壤施加有机肥不仅可以提高土壤肥力，还能通过促进土壤团聚体的形成，促进土壤固碳，降低碱化度（ESP）含量，从而减少次生盐渍化引起的植物毒性。本研究也发现内陆地土壤有机质含量与甜高粱产量的正相关关系，但是对于滨海盐碱地，由于其土壤有机质含量普遍较低，无法确定土壤有机质与产量以及氮素利用效率的关系，今后还需要进行更多的研究以促进土壤有机质的积累。

　　滨海盐碱区施氮对产量的影响大于年均温和土壤盐分，暗示了滨海地区通过优化养分管理方式提高生产力的巨大潜力。一般认为 90 kg/hm^2 左右的氮投入量能获得最高的氮素利用效率和经济效益，超过该阈值甜高粱的产量增长减慢。在内陆盐碱区施氮量达到 100 kg/hm^2 之后产量趋于平缓，滨海盐碱区甜高粱最大的产量出现在 150 kg/hm^2 左右的氮投入量附近，因此我们建议在盐碱区进行甜高粱种植实践时，可以 100 kg/hm^2 和 150 kg/hm^2 作为内陆和滨海盐碱地施氮量的阈值。此值也远低于环境视角下滨海盐碱地作物推荐施氮量。

8.2.4　结论与展望

　　本研究整合了我国盐碱地甜高粱现有的观测数据，发现气候、土壤和养分管理措施对甜高粱种植在不同盐碱区发挥了不同的程度的作用。改善内陆和滨海盐碱地的养分条件是提高土地生产力和生产效率的关键。内陆盐碱地的建议施氮量为100 kg/hm^2，而滨海盐碱地则建议施氮量为150 kg/hm^2。我们的研究强调了不同盐碱地对耐盐牧草甜高粱生产的限制性因素不同，这是由盐碱地成因不同导致的，未来迫切需要更多系统的实地研究来形成盐碱地甜高粱种植的水分、养分优化管理的方案。

目前，我国对甜高粱种植的研究还很有限，没有充分评估甜高粱种植的影响因素并形成科学的种植技术体系。受到研究数据可获得性和数据可用性的影响，本研究中涉及的试验多关注单一养分或盐分因素对甜高粱生长的影响，而不是盐分含量和养分管理相互作用对甜高粱生长的影响，这限制了我们通过更详细的定量化分析得出不同含盐条件下甜高粱最佳的氮肥施用量。但是我们的研究为了解中国不同盐碱区的甜高粱的种植影响因素提供了较为直观的判断，但今后针对特定的环境条件进行实践，研究甜高粱对水肥盐关系的响应，探索盐碱地开发利用和生物改良，还将是富有挑战性的工作。

8.3 盐碱地牧草种植的适应性评价

优化作物种植模式被认为是提高粮食系统可持续性最经济有效的自然解决方案之一。现有研究逐步从定量的角度研究农业空间生产布局优化问题。在结构优化方面，多目标线性优化模型（MOP）、遗传算法（GA）、灰色预测法等方法被用来研究不同作物种植面积之间的数量关系。在空间分析方面，随着3S技术的发展，空间分析方法及人工智能算法常被用来研究农业生产的空间布局优化问题，包括适宜性评价模型、生态最大熵模型（MaxEnt）、元胞自动机模型（CA）等方法。然而，现有研究的优化结果表现为更大空间尺度（国家、省和城市）上的总种植面积，或每个地区分配给每种作物的种植比例，没有考虑到农作物产量的空间异质性，而这往往是农作物最重要的田间特征。适宜性评价方法可以在一定程度上提供空间优化所需的异质性，但是该方法大多使用经验值来划定作物适宜性，无法准确量化自然环境对作物生长的影响。上述原因导致现有方法较难实现精确农业生产布局优化。此外，草粮模式上，大多数研究集中于试验点牧草产量估计、草粮轮作模式的田间试验评价、单一牧草的种植适宜性、退耕还草的效果方面，得到的牧草产量难以应用于草粮模式的空间优化。因此如何及在哪里优化草粮模式，改种牧草后的产量、农业效益存在研究缺口。为解决以上研究缺口，本节提出了农业生产空间布局优化模型，该模型在优化过程中能充分考虑不同作物农业效益的空间异质性与多目标的权衡问题，优化结果较为真实可靠，能为精确农业生产布局及草粮模式优化提供决策方法。本节以环渤海滨海盐碱地为案例区，通过引种甜高粱作为优化滨海盐碱地农业生产空间布局的自然解决方案，通过构建甜高粱产量模型拟合，构建农业生产空间布局优化模型，解析经济效益、固碳效益、水源涵养多目标平衡的滨海盐碱地草粮生产格局优化机制，探索我国滨海盐碱地综合利用的科学方案。

8.3.1 研究区

黄河三角洲地区包括滨州市、东营市、潍坊市和烟台市的11个县区，其面积约为1.838万km²，年平均温度和年平均降水量分别为13.8℃和614 mm，雨热同期。研究区土壤平均含盐量约为2 g/kg，平均海拔约为13.37 m，平缓的地形及河流的季节性缺水使其时常受到海水潮侵及倒灌的影响，加剧了土壤盐渍化程度。

黄河三角洲地区一直是我国人口稠密地区，在过去的20年中，人口密度从319人/km²增长到362人/km²，粮食需求较高。该地区拥有大量中低产田和未利用盐碱地，改造潜力巨大，为渤海粮仓计划提供了广阔的土地支持。该地区也是我国重要的集约化养殖区域，但牧草种植和畜牧养殖的规模严重错位，当前该区域的主要农业模式仍然是冬小麦—夏玉米模式，然而粮食作物对环境表现得较为敏感，在土壤肥力较差的地区，农业效益不及预期。高效优化区域草粮种植模式，不仅能解决养殖所需饲草料严重不足的问题，也为"大食物观"下保障粮食安全、发展农区生态草牧业提供科学范式。

8.3.2 甜高粱产量估算

本研究从被选择的文章中提取出试验点的空间变量（经度、纬度和海拔），气候条件〔年平均降水量（MAP）和年平均温度（MAT）〕，土壤性质（即，pH、SOM、含盐量）、农业管理方法（即从所选文献中提取氮、磷、钾施用量）和地上生物量。为了确定影响甜高粱产量的敏感环境因子并分析它们之间的数量关系，通过相关性分析筛选出与产量相关性较高的变量，再

调控途径篇

将其代入多元线性回归模型中，建立与产量相匹配的最优回归方程。最后，应用ArcGIS软件的栅格计算器工具，将截距项、各指标的空间分布及其系数进行叠加，得到甜高粱鲜重产量空间分布。在仅提供土壤有机碳的情况下，使用方程SOC=SOM/0.58估计SOM。在没有提供气候资料、有机质的情况下，本研究通过ArcGIS软件中的采样工具对原始文献样点的年平均气温、年平均降水量及有机质进行提取。

施氮量由含盐量等多种因素共同决定，但是在具体的农业生产实践中，农业生产者主要参考土壤盐分来预估施氮量。因此本研究参考当地的《盐碱地甜高粱栽培技术规范》确定黄河三角洲地区甜高粱种植的理论施氮量，公式为：

$$\begin{cases} Nadd = (12.5 \times Salinity + 525) \times 0.15, & salinity < 6 \\ Nadd = 600 \times 0.15, & salinity \geqslant 6 \end{cases} \quad (1)$$

式中，Nadd为施氮量（kg/hm^2），Salinity为土壤含盐量。0.15为三元复合肥中的含氮比例。

为准确评估每个栅格种植甜高粱的农业效益从而与当前情景的农业效益进行比较，首先应对甜高粱产量进行估计。本研究汇编了468个数据，构建了多元回归模型，用于估计甜高粱鲜重产量。经检验，产量估计模型中所有解释变量符合正态分布。回归结果表明，模型P值小于0.05，Adjust R^2为0.725，拟合效果较好，且各变量的P值小于等于0.05（表8-3），满足甜高粱产量估计要求。

$$y = 137.56 + 0.04MAP + 1.85MAT - 15.41pH + 0.22SOM - 7.73Salinity + 0.07Nadd \quad (2)$$

式（2）中，MAP为年平均降水（mm），MAT为年平均气温（℃），pH为酸碱度，SOM为土壤有机质含量（g/kg），Salinity为土壤含盐量（g/kg），Nadd为施氮量。

表8-3 甜高粱产量估计模型系数及P值

	系数	标准化系数	P值
常量	137.564		0.004
年平均降水量	0.036	0.328	0.005

（续表）

	系数	标准化系数	P值
年平均气温	1.850	0.225	0.046
pH	−15.408	−0.208	0.013
SOM	0.215	0.261	0.007
Salinity	7.725	−0.248	0.002
Nadd	−0.069	0.309	0.006

调控途径篇

甜高粱鲜重产量呈现出内陆高滨海低的特征（图8-4）。研究区甜高粱鲜重平均产量约为59.19 t/hm²，其中，甜高粱产量低于20 t/hm²的地区占总种植面积的0.7%，主要分布于黄河三角洲附近。甜高粱产量高于80 t/hm²的地区主要分布于内陆地区及莱州湾，占总种植面积的8.9%。粮食产量也呈现出滨海低内陆高的趋势，与甜高粱不同的是，粮食产量的变化幅度远大于甜高粱。

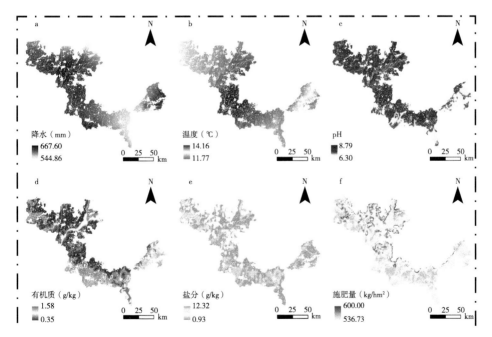

图8-4　甜高粱潜在产量空间分布

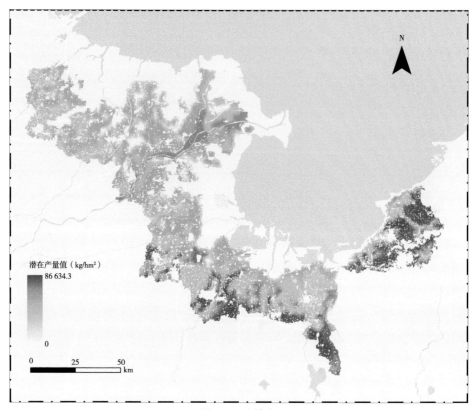

潜在产量值（kg/hm²）
86 634.3

0

0   25   50
km

图8-4 （续）

　　甜高粱产量表现出较强的时空异质性，影响包括农业生产技术、土壤理化性质和气象因子等。根据本研究构建的甜高粱产量模型，对甜高粱产量构成显著影响的正向变量为年平均气温、年平均降水、SOM及施氮量，负向影响的变量分别为土壤pH及含盐量。

　　气候是农作物生长过程中最直接也是最敏感的因素。气候因素中，MAT对甜高粱产量的影响较为明显，标准系数为0.328，是影响力最大的变量。降水不仅能促进植物光合作用强度，还能在一定程度上降低土壤的含盐量及pH值，促进土壤养分的积累。然而，如果超过1 000 mm，过量降水会降低甜高粱生育前期的发芽率及抑制根系生长，还将使幼苗更易受疾病和害虫的影响，从而阻碍了甜高粱生物量的积累，导致产量降低。气温的影响次之。由于本研究选择的试验点多来源于中国北方，在生长期内的月平均气温均能达到甜高粱生长的要求，因此温度并不是影响黄河三角洲区域甜高粱产量的主要因素，其标准化系数仅为0.225。

SOM及Nadd可以为植物提供稳定的养分来源。虽然二者均可促进甜高粱的生长及发育，但是SOM的系数显著低于Nadd，这一方面由于黄河三角洲地区可供植物直接利用的SOM相对较少，另一方面，在盐碱土中施加氮肥不仅能提供养分，而且可以在一定程度上保护植物免受盐胁迫的伤害。在全氮和SOM含量有限的情况下，施加氮可迅速提高土壤中可供植物利用的无机N含量，从而显著提高产量，这与之前的研究一致，即N输入促进了沿海地区的土壤肥力的提高。然而，中国大多数地区SOM显著高于黄河三角洲地区。SOM可以通过矿化为植物提供更多有效氮。氮输入的效果则将受土壤盐度和其他因素的调节决定，说明如果将研究视角放大，SOM发挥的作用将更加不容忽视，研究地点不同的土壤条件也会导致甜高粱对氮肥的不同反应。负向指标中，土壤含盐量及pH的系数分别为-0.248及-0.208，总体而言相对较低，表明甜高粱能在一定程度上抵抗盐碱土的胁迫。但是当土壤盐碱程度过高时，如在本研究的辽河口等地区，甜高粱的产量将迅速下降，这类地区的盐碱地价值开发存在一定难度，且开发效果不佳，因此，这类地区未来应维持其本身的生态功能。

8.3.3 甜高粱模式的综合效益

通过对不同栅格单元粮食作物与甜高粱的农业效益进行评价，可以更直观地了解不同地块当前情景及改种甜高粱的农业效益，为后续的农业生产空间布局优化提供优化目标及评价标准。种植粮食作物与甜高粱的经济效益、固碳效益、水源涵养表现出较强的空间异质性，且粮食作物与甜高粱之间存在较大差异（图8-5，表8-4）。粮食作物的平均经济效益为5 385元/hm²，标准化后为0.29，呈现出内陆高滨海低的分布趋势，其中经济效益低于0.1的区域占种植面积的41.25%，集中分布于黄河三角洲。甜高粱的平均经济效益2 492元/hm²，标准化后为0.13，其在研究区的分布较为平均，经济效益低于0.1的区域占种植面积的34.36%，散落分布于研究区北部及莱州湾。粮食作物经济效益的标准差为0.28，远大于甜高粱，表明粮食作物的经济效益对环境变化表现得较为敏感。

粮食作物的平均固碳效益为2 039元/hm²，标准化后为0.16，其空间分布较为平均，固碳效益低于0.1的区域占研究区种植面积的29.38%，主要分布于地势平缓的滨海地区。甜高粱的平均固碳效益为10 836元/hm²，标准化后为0.70，分布呈现出平原低山区高的趋势，固碳效益低于0.1的区域仅占种植面积的0.17%，零星分布于滨海地区。

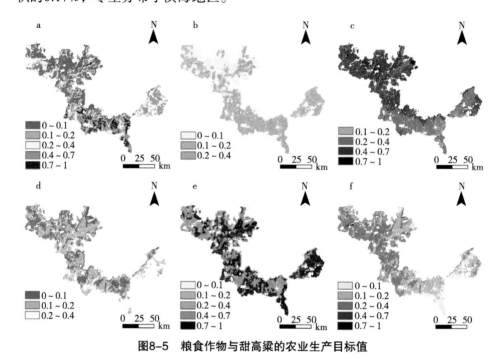

图8-5　粮食作物与甜高粱的农业生产目标值

注：（a）为粮食作物的经济效益；（b）为粮食作物的固碳效益；（c）为粮食作物的产水量；（d）为甜高粱的经济效益；（e）为甜高粱的固碳效益；（f）为甜高粱的产水量

表8-4　粮食作物及甜高粱的农业效益值

		平均值	最大值	最小值	标准差
粮食作物	经济效益	0.29	1.00	0	0.28
	固碳效益	0.16	0.35	0	0.08
	产水量	0.47	1.00	0.16	0.16
甜高粱	经济效益	0.13	0.24	0	0.06
	固碳效益	0.70	1.00	0.04	0.14
	产水量	0.20	0.88	0	0.08

　　粮食作物与甜高粱的平均产水量分别为468 t/hm^{2}及199 t/hm^2，粮食作物及甜高粱水源涵养较高的地区主要均分布于黄河三角洲，这与降水量密切相关，

虽然粮食作物蒸腾系数比甜高粱高，但是标准化后粮食作物的平均水源涵养价值是甜高粱的2.35倍。然而，这仅是作物生长过程中的水源涵养价值，农业生产过程中的灌溉用水并不在该目标的考虑范围内。通过对冬小麦—夏玉米及甜高粱的农业效益进行对比，我们发现，相对于甜高粱，当前种植模式即冬小麦—夏玉米模式在一些区域具有很大的优化潜力，这一研究为草粮模式优化奠定基础。然而，如何优化及在哪里优化还需要进一步探讨。

经济效益方面，甜高粱因对高海拔、干旱、土壤盐渍化的耐受能力较强，具有更大的区域种植适宜性。甜高粱经济效益的上限不及粮食作物，但是其产量较为稳定，能较好地适应黄河三角洲地区的环境，因此在种植环境较差的区域，甜高粱经济效益的下限远高于粮食作物。粮食作物及甜高粱经济效益的标准差分别为0.28及0.06。在地形平缓、土壤肥沃、气候适宜的地区，粮食作物的经济效益会有显著提升，这主要源于收入的提高及成本的降低。然而其对环境变化表现得较为敏感，抗风险能力较差。随着极端气候现象愈发频繁，该因素也应被管理者纳入考虑范围。

固碳效益方面，种植甜高粱的固碳量大于粮食作物。同时，粮食作物固碳效益的波动幅度较小，即使在种植条件较好的地区，粮食作物固碳效益的提升幅度也十分有限。这是因为粮食作物生物量相对较少，CO_2固存的上限较低。此外，传统粮食作物耕种方式较为粗放，耕种过程中的农资投入会释放大量的CO_2，不利于可持续发展。相比于粮食作物，甜高粱生物量较大，且农资投入释放的二氧化碳远远小于粮食作物，这导致甜高粱的固碳效率远大于粮食作物。

相比较而言，甜高粱的产水量较低，但灌溉需水量也低。甜高粱更易于适应相对干旱的环境，雨饲栽培甜高粱可以适应滨海的大多数地区，尽管适当的灌溉可以使甜高粱产量最大化。产水量主要取决于作物的光合作用的蒸散发系数、生物质产量及区域降水量。粮食作物蒸散发系数较大，但是由于生物质产量较少，所以粮食作物的蒸散量较小，产水量较大。此外，粮食作物每年需消耗约309 t/hm²的灌溉用水，远高于甜高粱的灌溉需水量157 t/hm²。因此如果将灌溉用水及产水量纳入水源涵养的考虑范围，当前农业生产布局存在较大优化潜力。

8.3.4 多情景目标适应性评价

协同发展度可以反映农业可持续协同发展的水平，评价各维度间互动耦合的协调程度，合理评价农业可持续发展水平。协同发展程度的公式如下所示。

$$D = \sqrt{C \times T} \quad\quad (3)$$

式（3）中，D 为协同发展程度，C 为耦合发展指数，表示多目标的耦合程度，T 为综合发展指数，表示多目标的综合表现。耦合发展指数由经济效益、固碳效益、水源涵养归一化后得到，反映了它们之间的协调程度，公式如下：

$$C = \left[\frac{F^{AR} \times F^{VC} \times F^{WY}}{\left(\dfrac{F^{AR} \times F^{VC} \times F^{WY}}{3} \right)^3} \right]^{\frac{1}{3}} \quad\quad (4)$$

式（4）中，F^{AR}、F^{VC}、F^{WY} 分别为归一化后的经济效益、固碳效益、水源涵养效益，具体公式为：

$$F^{m,n} = \frac{G^{m,n} - G^{m,\min n}}{G^{m,\max n} - G^{m,\min n}} \qu\quad (5)$$

式中，$G^{m,\ n}$ 为第 m 种作物第 n 项目标的值，$G^{m,\ \max\ n}$ 与 $G^{m,\ \min\ n}$ 分别为 $G^{m,\ n}$ 的最大值与最小值。

通过经济、固碳、水源涵养三个维度的发展指数及各维度对应的权重，可以得到综合发展指数。具体公式如下：

$$T = \alpha^{AR} \times F^{AR} + \alpha^{VC} \times F^{VC} + \alpha^{WY} \times F^{WY} \quad\quad (6)$$

式（6）中，α^{AR}、α^{VC}、α^{WY} 分别为经济、固碳、水源涵养维度的权重，由熵值法计算得到。

空间布局优化及情景

为实现栅格尺度的精确农业生产布局优化，构建了栅格尺度的农业生产布局优化模型。具体公式如下：

$$\begin{cases} Sweet\ sorghum, & Objective\ index^{Grain} < Objective\ index^{Sweet\ sorghum} \\ Grain, & Objective\ index^{Grain} \geq Objective\ index^{Sweet\ sorghum} \end{cases} \quad (7)$$

式中，$Object\ index$ 为不同作物的优化目标值。

为了充分考虑决策者的偏好，比较作物布局中不同目标的权衡，本研究设置了4个优化情景（图8-6）。S1是单目标优化情景，在该情景下，经济效益最大化是唯一的优化目标。S2—S4是多目标优化情景，其中S2的优化指数为经济、固碳、水源涵养效益的耦合发展指数最大化，目的是让三个效益之间尽可能协同，降低其权衡度，缓解三个目标之间的矛盾；S3的优化指数是综合发展指数，该情景期望实现经济、固碳、水源涵养三个目标的最优发展；S4的优化指数是协同发展程度最大化，该情景同时兼顾各指标耦合程度和综合发展程度的情景。

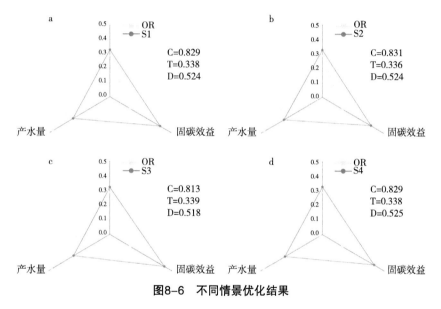

图8-6 不同情景优化结果

注：OR为优化前目标值，S1—S4为不同情景的优化结果；D为协同发展程度，C为耦合发展指数，T为协同发展指数

将种植粮食作物作为黄河三角洲地区农业生产的当前情景，通过对比粮食作物及甜高粱的农业效益，并以优化目标最大化为原则，设置不同的优化情景，对黄河三角洲地区农业生产布局进行优化。单目标情景在其本身优化目标方面表现最好，忽略了其他目标的权衡。S1是经济效益最大的情景，但是其固碳效益与产水量较低，优化后的经济效益、固碳效益、产水量分别为0.326、0.408及0.306，较原情景分别变化了0.040、0.244、-0.167。在经济效益最大化情景S1下，有42%的种植面积改种甜高粱，主要位于渤海湾、莱州湾、黄河三角洲及研究区北部，这些地区地势平坦，容易受到海水潮侵的影响，土壤含盐量较高，水土流失较为严重，生态环境脆弱。尽管甜高粱在这些地区经济效益也会

有所下降，但是其下降幅度远低于粮食作物，因此在这些地区改种甜高粱更符合该情景经济效益最大化的目标。然而，该情景在固碳效益及水源涵养效益方面表现较差，忽视了自然解决方案的权衡问题，因此需要多目标的协同优化。

如果将耦合发展指数、综合发展指数与协同发展程度分别作为优化目标，优化结果将更加可持续与平衡。S2情景是各目标最为均衡的情景，共有40%的种植面积改种甜高粱，同样分布于渤海湾、莱州湾与黄河三角洲。该情景经济效益、固碳效益、产水量分别为0.325、0.394、0.313，较原情景分别变化了0.039、0.23及-0.16。S3情景下，共有47%的种植面积改种甜高粱，是所有情景中改种甜高粱面积最大的情景，主要分布于沿海地区，而甜高粱固碳效益远高于粮食作物，这也导致该情景固碳效益最大。该情景经济效益、固碳效益、产水量分别为0.322、0.438、0.295，较原情景分别变化了0.036、0.274、-0.178。S4情景兼顾了S2情景及S3情景的目标，共有44%的土地改种甜高粱。在该情景下，经济效益、固碳效益、产水量分别为0.325，0.416及0.302，较原情景变化了0.039、0.252、-0.171。总之，由于各目标的侧重点不同，不同情景的优化结果表现各异，且优化结果之间存在权衡（图8-7）。

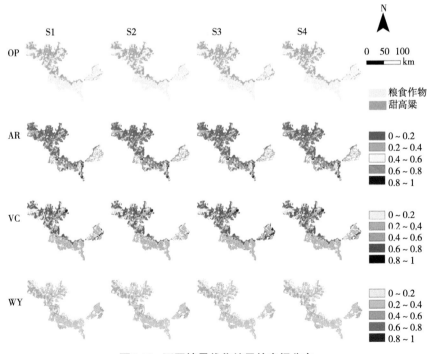

图8-7　不同情景优化结果的空间分布

多目标空间优化模型可以在充分考虑农作物产量空间异质性的基础上，对区域农作物生产空间布局进行优化，并且充分考虑各目标之间的权衡。由于环境因素及作物产量的空间异质性，本研究实现了农业生产空间格局优化宏观尺度及微观尺度的有机结合。此外，在进行空间优化的过程中，本研究并没有考虑限制转换面积等约束条件的限制，这允许模型在不同情景的目标偏好下为每块栅格确定最适宜的作物类型。

在本研究设计的四个情景中，S1情景往往是农业生产者最关注的角度，而如何在提高经济效益的同时，维护18亿亩耕地红线及实现"双碳"目标是管理者更为关注的话题。由于现实情况往往较为复杂，很难定量评估不同情景的应用程度，因此考虑不同情景下的协同发展程度，可以帮助决策者了解子系统之间的关系和协同作用，从而在优化模型中进行权衡。由于没有特定的偏好，因此本研究选择熵值法来计算各优化目标的权重值，在具体的农业生产实践中，决策者可以根据不同研究区域的实际情况，改变目标权重以适应自身需要，确定最合适的优化方案。从优化种植面积的角度可以分析最优农业生产空间布局与实际种植布局不匹配的现象及原因。在受盐碱化影响的边际土地，种植耐盐牧草的经济效益更高，且在这些土地种植牧草可以在很大程度上满足滨海地区牧草需求和供给不匹配的问题，在提高生产者经济效益的同时，还能降低牲畜的饲养成本，从而满足人们多样化的饮食营养需求。本研究不同情景的目标偏好虽有所不同，但是各情景的优化结果均表明在某些特定的栅格单元，将粮食作物改种甜高粱可以实现栅格尺度的效益最大化，这种栅格尺度的效益最大化可以实现区域总体的农业生产帕累托最优。

黄河三角洲地区有着面积巨大的盐碱地中低产田，传统农业的开发面临着产量低、技术模式缺乏、效益不高和水资源消耗过大等问题。针对独特的资源禀赋和生态环境特征，亟待从经济效益、固碳效益、水源涵养等多目标协同的角度，突破现有盐碱地利用存在的问题。以耐盐牧草种植的绿色开发，可改良盐碱提高土壤生产力，发展黄河三角洲中低产田生态草牧业，实现黄河三角洲地区绿色发展新需求。综上，滨海盐碱区选择耐盐牧草甜高粱作为优化作物，结合现有的粮食产量数据对甜高粱及粮食的农业效益进行权衡，能够实现宜粮则粮、宜草则草的目标，维护我国的粮食安全。因此，我们应重新审视当前农业生产布局的合理性，并因地制宜地对其进行优化，促进区域农业生产的可持续发展。

本研究提出的多目标空间优化模型可以在充分考虑农作物产量空间异质性

的基础上，对区域农作物生产空间布局进行优化，并且充分考虑各目标之间的权衡。结合环境因素及作物产量的空间异质性，本研究实现了农业生产空间格局优化宏观尺度及微观尺度的有机结合。在受盐碱化影响的土地，种植耐盐牧草的经济效益更高，且在这些土地种植牧草可以在很大程度上满足滨海地区牧草需求和供给不匹配的问题。在提高盐碱地经济效益的同时，还能降低牲畜的饲养成本，从而满足人们多样化的饮食营养需求。本研究不同情景的目标偏好虽有所不同，但是各情景的优化结果均表明在某些特定的栅格单元，将粮食作物改种甜高粱可以实现栅格尺度的效益最大化，这种栅格尺度的效益最大化可以实现区域总体的农业生产帕累托最优。在具体的农业生产实践中，决策者可以根据不同研究区域的实际情况，改变目标权重以适应自身需要，确定最合适的优化方案。

8.3.5　结论与展望

　　本研究在以下方面存在一些局限性：（1）本研究没有考虑牧草或者粮食对其他地类（如水产养殖地、农村居民点、城镇工矿用地等）的优化潜力。（2）本研究仅考虑了本年度的生产条件，而在较长的时间尺度内，农业管理、全球气候变化以及地形和土壤条件的演变引起的粮食及甜高粱产量变化没有涉及。

　　但更重要的是，本研究提供了一个研究范式，具有种植模式、农业效益目标以及应用场景扩展的功能。未来的研究方向包括如下几点。（1）牧草种类更多的草粮模式优化，甚至能应用于蔬菜种植模式，水果种植模式的空间布局优化中。（2）除经济效益、固碳效益及水源涵养效益外，土壤保持效益、防风固沙效益等农业效益评价指标可以更丰富。（3）在模型的具体应用中，如果输入未来年份的气象、土壤理化性质及施氮量数据，可以对未来情景的土地利用空间格局进行优化配置。（4）生产者或管理者可以改变模型框架内输入栅格数据的分辨率，以满足不同大小规模的区域（如较大的流域或较小的农场）中对农业生产空间布局方案的需求。

参考文献

曹丹，易秀，陈小兵，2022. 基于农业灌溉需水量计算的黄河三角洲作物结构优化[J]. 水资源保护，38（2）：154-167.

曹云，孙应龙，姜月清，等，2022. 黄河流域净生态系统生产力的时空分异特征及其驱动因子分析[J]. 生态环境学报，31（11）：2101-2110.

窦晓慧，李红丽，盖文杰，等，2022. 牧草种植对黄河三角洲盐碱土壤改良效果的动态监测及综合评价[J]. 水土保持学报，36（6）：394-401.

杜国明，张露洋，徐新良，等，2016. 近50年气候驱动下东北地区玉米生产潜力时空演变分析[J]. 地理研究，35（5）：864-874.

高婵，王茜，杨小柳，2021. 水资源约束下的生物质能源发展潜力研究[J]. 太阳能学报，42（7）：481-489.

胡晓燕，于法稳，徐湘博，等，2023. 农田生态系统服务价值核算：指标体系构建及应用研究[J]. 生态经济，39（4）：111-121.

李中锋，高婕，钟毅，2023. 西藏草地生态安全评价研究——基于生态系统服务价值改进的生态足迹模型[J]. 干旱区资源与环境，37（4）：9-19.

刘洪秀，赵华甫，冯新伟，等，2023. 黑龙江农田生态系统服务权衡与协同[J]. 中国农业大学学报，28（2）：160-171.

汪仕美，靳甜甜，燕玲玲，等，2022. 子午岭区生态系统服务权衡与协同变化及其影响因素[J]. 应用生态学报，33（11）：3087-3096.

张恩月，郑君焱，苏迎庆，等，2023. 基于情景模拟的流域低碳土地利用格局优化研究——以汾河流域为例[J]. 干旱区研究，40（2）：203-212.

Fan Y，He L Y，Liu Y，et al.，2022. Optimal cropping patterns can be conducive to sustainable irrigation：Evidence from the drylands of Northwest China[J]. Agricultural Water Management，274：107977.

Hou Y，Liu Y，Xu X Y，et al.，2023. Improving food system sustainability：Grid-scale crop layout model considering resource-environment-economy-nutrition[J]. Journal of Cleaner Production，403：136881.

Li J，Lei S Q，Gong H R，et al.，2023. Field performance of sweet sorghum in salt-affected soils in China：A quantitative synthesis[J]. Environmental Research，222：115362.

Shi X J，Xiong J R，Yang X L，et al.，2022. Carbon footprint analysis of sweet sorghum-based bioethanol production in the potential saline-Alkali land of northwest China[J]. Journal of Cleaner Production，349：131476.

Xia B Y，Zheng L C，2022. Ecological environmental effects and their driving factors of land use/cover change：the case study of Baiyangdian basin，China[J]. Processes，10（12）：2648.

模型模拟篇

黄河下游土壤有机碳演化的情景模拟

农田土壤受管理措施（如耕作措施、灌溉、施肥、作物结构等）影响巨大，在优化管理方式情况下，全球农业土壤的固碳潜力可以达到每年 $0.4 \sim 0.9$ Pg。早期中国农田以传统耕作为主，且被认为整体表现为碳源，但借助全国第二次土壤普查和最近20年来土壤重采样测试比较，发现中国农田在施肥和积极碳管理措施下，其表层土壤有机碳水平总体上呈现上升趋势。中国学者通过多种方法，采用长期试验、土壤普查和重采样等多种来源数据，在对中国农田表层土壤有机碳动态的研究结果表明中国表层土壤有机碳储量在过去20年间总体上是升高的，只在局部地区（如东北）有略微下降。这表明中国农业在近$20 \sim 30$年的发展是值得肯定的，不仅产量水平得到大幅度提高，而且提升了自身生态服务功能，为区域乃至全球温室气体减排做出了贡献。

然而，由于化学肥料的大量使用带来的农业快速发展，也引发了一系列相关环境问题，如氮利用效率降低造成浪费、大气氮沉降水平升高、土壤酸化以及地下水污染问题。如何通过科学的管理措施和生态工程手段促进土壤自身肥力的提升，保持农业健康可持续的发展成为未来需要考虑的问题。华北平原在过去以土壤贫瘠著称，20世纪80年代时中低产田面积可达80%。经过30年的快速发展，产量得到稳步提高，土壤有机碳、氮水平与产量协同得到大幅度的提高，甚至成为中国农田土壤有机碳增加最快的地区。然而，高作物产量水平依赖于过高的化肥投入，黄河下游地区已经成为中国氮沉降最高的地区，每年大气混合氮沉降可达28 kg/hm^2，地下水体硝酸盐超标已经成为未来用水的安全隐患。

黄河下游地区农田平均产量从1978年的2 565 kg/hm^{2}增长到2008年的5 384 kg/hm^2，增幅达到110%。然而氮肥利用率却从1980年的34 kg籽粒产量/kg N降低到2008年的16 kg籽粒产量/kg N，下降了50%以上。未来是否有可能降低化学肥料的使用？如何寻求优化碳管理措施，使农田土壤在维持作物高产的同时，提高土壤有机碳水平，增加土壤肥力？回答以上问题，均需要利用模型的手段对黄河下游农田土壤有机碳的过程、储量与收支情况进行解析。

9.1 土壤有机碳变化的模型及机理

从整个地球化学循环来看，土壤有机碳不断地进行着复杂的生物化学循环过程，其含量的高低与地形状况、土壤性状、气候条件、植被类型和利用管理密切相关，长期定位试验只能较为理想地监测试验区域土壤有机碳动态演变，对涉及范围从区域到全球和时间跨度从几十年到上千年等的研究作用都非常有限；另外，试验所得资料在时间和空间上都是离散的，在较短的时间内（10~30年），并不能反映土壤有机碳变化的最终状态，进而无法分析、形成规律性的认识。因此，基于碳循环过程及各碳库之间的碳通量和反馈机制的复杂性，要定量预测农田土壤有机碳的时空演变，模型是唯一可能的方法。目前，国内外开发出的有关农业、草地和森林生态系统模型大概有二三十种，应用比较普遍的有以下几种：CENTURY、CANDY、DAISYS、DNDC、ITE、NCSOIL、QSOIL、RothC、Agro-C和SCNC等。但各模型均有一定的地域性和局限性，不存在一种模型可以适宜各种气候条件和土壤类型的模拟，且由于模型种类繁多，目前对各模型之间差异及存在问题的分析和总结相关报道相对比较少，这也将会对一些模型的初学者造成了一定困扰。因此，本节重点通过系统介绍目前在农田生态系统有机碳循环研究中应用最为广泛的2大模型（DayCent模型，DNDC模型），旨在为黄河下游地区农田土壤有机碳过程的模拟提供参考资料。

9.1.1 DayCent模型

DayCent模型是CENTURY生物地球化学模型的"日"步长版本。DayCent能够模拟植被和土壤中碳氮的通量。DayCent是基于过程模拟的生物地球化学模型。它用来模拟农田、草地、森林、稀树草原等生态系统对气候变化和农业管理措施的响应。在美国，为计算美国温室气体排放清单，它被美国国家环保局用于量化农田生态系统土壤N_2O的排放，并向UNFCCC（《联合国气候变化框架公约》）秘书处汇报每年排放情况。其主要子模型包括土壤含水量和逐层温度、植物生产力和净初级生产力（NPP）的分配、凋落物和土壤有机质分解、营养物质矿化过程、硝化和反硝化过程的含氮气体排放以及非饱和土壤中的CH_4的氧化。

　　不同土壤有机质"库"之间的碳与氮流转是由库的大小、物料C/N比和木质素含量以及非生物的水分或温度因子来调控。植物生产力是遗传潜力、物候、营养供应、水/温度胁迫和太阳辐射的集合函数。基于植被类型、物候和水/营养胁迫，NPP被分配给植物各个组分（例如根、茎等）。植物各组分的营养浓度依据其植被类型以及相对于植物需求的营养物质的可用性在规定的范围内变化。凋落物和土壤有机质分解，以及营养元素的矿化是底物可利用性、基质质量（木质素含量，C/N比等）和水/温度胁迫的集合函数表达。来自硝化和反硝化的含N气体通量由土壤NH_4^+/NO_3^-浓度、土壤含水量、温度、土壤质地和活性C可用性来驱动。

　　DayCent模型下土壤有机质（SOM）模型是基于土壤有机质多个分割组分来进行模拟的，并且与其他模型模拟SOM动态类似，各个库之间碳流转如图9-1所示。

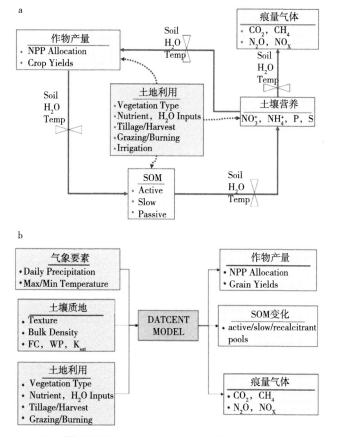

图9-1　DayCent模型流程图（a），DayCent模型主要输入输出参数（b）
（图片均来自Dennis Ojima博士）

SOM库（pools）主要是由两个植被碳库（即结构型凋落物库［structural pool］和代谢型库［metabolic pool］）及三个土壤有机碳库（即活性碳库［active］、慢性碳库［slow］和惰性碳库［recalcitrant］）组成。其中，结构型凋落物库主要代表地上、地下凋落物，代谢型库主要代表分解这些植物凋落物的微生物库。地上、地下植物残体及动物分泌物进入结构型掉落物库和代谢型库的比例主要是由植物残落物纤维素与氮的比例决定。当这一比例增加，残落物进入结构型掉落物库的比例就会相应增加，这部分残落物的降解时间比代谢型库要慢很多。结构型掉落物库中包含了所有植物纤维素含量。三个土壤有机碳库是依据它们各自周转时间确定：活性碳库1~5年；慢性碳库20~40年；惰性碳库400~2 000年。通常对于农田生态系统，活性碳库占5%左右，慢性碳库占40%~50%，惰性碳库占45%~50%。

DayCent 4.5版本用于拟合点位尺度下土壤有机碳，作物净初级生产力，N_2O排放通量，土壤NO_3^-和NH_4^+含量。初始土壤有机碳库根据初始生态系统决定（初始C_3系统）。每层土壤的田间饱和持水量、萎蔫点和饱和渗透系数利用土壤水分特征计算软件（Soil Water Characteristics Calculator Software，SWCCS，Version 6.02.74）（USDA Agricultural Research Service，Washington）计算。

模型参数：（1）模型输入参数：每日最高/最低气温（℃）和日均降水量（cm），表层土壤质地等级（砂粒，黏粒和粉粒）和土地覆盖/利用数据（如植被类型，耕作/种植时间，营养元素投入量和投入时间）。（2）模型输出参数：日均含N气体通量（如N_2O，NO_x，N_2），土壤异养呼吸的CO_2通量，土壤有机碳和氮密度，NPP，H_2O和NO_3^-淋溶，以及其他生态系统参数。

9.1.2 DNDC模型

DNDC（DeNitrification DeComposition，反硝化-分解作用）模型是模拟土壤生态系统中碳氮循环的重要生物地球化学模型，最早由美国New Hampshire大学李长生教授开发用于模拟美国农田土壤中N_2O、CO_2和N_2排放对降水事件的响应。过去30多年间陆续开发了针对不同国家和不同生态系统（森林、草地、水稻田等）的更多版本DNDC模型（如NZ-DNDC，DNDC-Rice等）以更精确适应于特定应用环境。

DNDC模型主要包括2个组成部分和土壤气候、作物生长、分解作用、发酵作用、硝化作用和反硝化作用6个子模型（图9-2），其中第一个组成部分是土壤条件模拟模块，通过生态驱动因素（气候、土壤、植被和人类活动）将土壤气候、作物生长和分解作用子模型连接起来；第二个组成部分是痕量气体模拟模块，将土壤环境因子（温度、湿度、pH、氧化还原电位和土壤中NH_4^+浓度等）和土壤中的痕量气体联系起来。DNDC模拟步长可以以天或者小时为单位，通过以上不同子模型之间的互通运行以对模拟时间内（通常为几年到几十年）农田土壤生态系统中有机碳的动态进行详细的描述。目前，DNDC模型已经在农业产量预测和农田生态系统生物化学循环模拟中得到了广泛的应用。

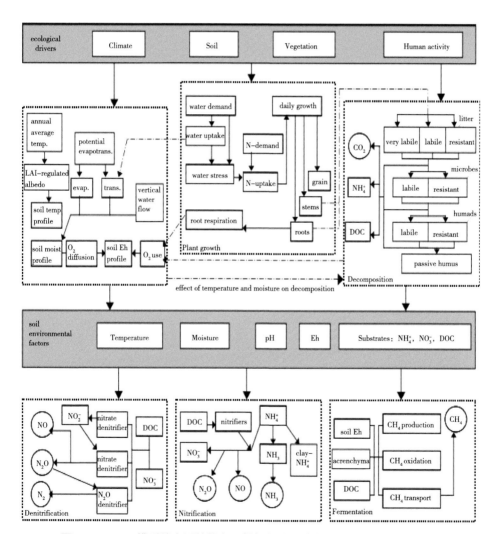

图9-2　DNDC模型的主要结构和逻辑框架（图片来自Dennis Ojima博士）

9.2 引黄灌区土壤有机碳管理模式的优化与模拟

水资源时空配置不均是限制黄河下游引黄灌区发展的主要因素，该地区蒸发量远远高于降水量，因此农业用水依靠灌溉。近年来，由于地下水过度开采加剧了农业水资源短缺的局面。未来考虑到地区城镇化水平越来越高，城市生活用水和工业用水量将大大增加，必将与农业竞争水资源，使得农业灌溉用水减少；另外，根据已有资料表明，过去30年华北地区有增温趋势，且黄河以北地区有降水减少的趋势，未来进入灌区的总水量难以保持稳定，水量减少可能性增高。

本节选择黄河下游引黄灌区典型农业发展代表德州市禹城市，利用其长期农田试验站监测数据，借助DayCent模型模拟，试图：（1）探讨DayCent模型对黄河下游引黄灌区农田生态系统不同管理措施下产量和土壤有机碳模拟的可行性。（2）探索当前复杂的农耕背景下，不同管理措施对土壤有机碳的影响。（3）依据长期试验不同处理，选择产量和碳固持速率最优的处理，并探索该模式下，黄河下游引黄灌区土壤有机碳的饱和水平。（4）黄河下游引黄灌区已经面临严重的氮肥过量施用问题，也带来了一系列环境问题，通过模型模拟不同施肥管理模式，探讨在保证产量和土壤肥力的同时化肥减施的可能性。（5）探讨当前条件下（作物品种、气候不变），黄河下游引黄灌区农业灌溉用水减少对作物产量的影响。

9.2.1 管理措施情景模式设定

依据本章研究目的，结合黄河下游引黄灌区当前农耕环境，设计不同农田土壤碳管理情景模式，首先根据文献研究表明研究区农田氮肥施用量超过300 kg/hm²时，其对土壤有机碳累积的贡献将不会持续。另外也有研究指出300 kg/hm²氮肥施用量可以满足黄河下游引黄灌区农田作物对氮肥的需求，且不会造成环境污染，因此300 kg/hm²的氮肥使用量是保证黄河下游引黄灌区农田土壤可持续发展的重要肥料管理方式。本研究设置三个化肥使用梯度（300 kg/hm²代表优化施肥；450 kg/hm²代表减量施肥；550 kg/hm²代表当前施肥）。

另外，研究指出秸秆还田和有机肥的施用也是对农田土壤最直接最有效的碳投入方式，能够使得农田土壤有机碳快速累积。因此，在努力使黄河下游引黄灌区中低产田的作物产量达到亩产过吨（约16 000 kg/hm²）的同时，对作物秸秆进行还田和堆肥（过腹有机肥）后还田，将有效提高土壤有机碳含量。因此，我们假设未来100年内，小麦平均产量达到6 400 kg/hm²，玉米平均产量达到9 600 kg/。进行两种情景有机碳投入的假设：（1）小麦、玉米秸秆收获后立即全部还田；（2）小麦秸秆还田，玉米秸秆由于适于用作饲料，进行过腹后还田。

黄河下游地区属于温带大陆性季风气候，春季和秋季干燥多风，对土壤侵蚀非常严重，而耕作措施不仅对土壤进行了剧烈扰动，而且会进一步加剧风蚀作用，造成水土流失。农田土壤肥力集中于表层，风蚀造成严重肥力损失。大量研究也表明，施行保护性耕作将有效减少土壤扰动，减少水土流失的风险，从而减少土壤有机质降解速率，增加土壤有机碳含量。虽然耕作对深层土壤的影响研究较少，我们暂时不讨论。对此，我们在未来情景中加入保护性耕作措施。作物播种时，仅对作物行进行播耕，将化肥翻入作物行保证肥效。因此，未来耕作情景如下：

SR1：秸秆全量还田+传统耕作。化肥（300/450/550 kg N/hm²）+小麦秸秆量2 880 kg C/hm²，玉米秸秆4 320 kg C/hm²（这里假设小麦、玉米的秸秆籽粒比为1∶1，小麦产量6 400 kg/hm²，玉米产量9 600 kg/hm²）+传统耕作（机械旋耕）。

SR2：秸秆全量还田+保护耕作。化肥（300/450/550 kg N/hm²）+小麦秸秆量2 880 kg/hm²+玉米秸秆4 320 kg/hm²（这里假设小麦、玉米的秸秆籽粒比为1∶1）+保护性耕作（只对作物行开沟播种，基肥翻入土中，不进行全面翻耕）。

SR3：秸秆部分过腹还田+传统耕作。化肥（300/450/550 kg N/hm²）+小麦秸秆量2 880 kg/hm²+有机肥3 880 kg C/hm²（假设小麦、玉米的秸秆籽粒比为1∶1，玉米过腹还田有机肥量为饲喂量的90%）+传统耕作（机械旋耕）。

SR4：秸秆部分过腹还田+保护性耕作。化肥（300/450/550 kg N/hm²）+小麦秸秆量2 880 kg/hm²+有机肥3 880 kg C/hm²（假设小麦、玉米的秸秆籽粒比为1∶1，玉米过腹还田有机肥量为饲喂量的90%）+保护性耕作（只对作物行开沟播种，基肥翻入土中，不进行全面翻耕）。

SR5：灌溉量减少1/3。最少施肥下（300 kg N/hm²），将灌溉量减少

1/3。其他处理同SR2。

9.2.2 模型的初始化

模型敏感性分析表明，模型拟合结果的好坏与初始土壤有机质在三个不同库中分配的比例直接相关，这个比例无法直接测定，我们选择利用模型的默认值进行模拟。在模型对不同处理进行拟合之前，需要使模型运转达到平衡状态。即模型通过对历史进程中土地利用方式、植被等的模拟使整个生态系统状态平衡，此时模型中土壤有机碳含量值需和长期试验的初始值契合。

因为模型依照不同时间区段（Block）的土壤植被信息依次模拟，通过阅读大量历史资料和黄河下游地区相关农业耕作史，获取模型所需的各历史时期植被和耕作状况等信息（表9-1）。

表9-1　Day Cent模型各区块（Block）土地利用及管理方式

区块	时间（年）	植被	轮作、施肥等管理及扰动	重复年限
1	-8999至-770	草地	自然放牧	2
2	-770至-476	黍	火烧培肥	2
3	-475至-221	黍	刀耕	2
4	-221至220	小麦、黍	传统耕作、有机肥	2
5	220—619	小麦、绿肥	休耕轮作、有机肥、火烧	3
6	620—1131	小麦	少管理，战乱	2
7	1132—1636	小麦	有机肥、洪水频发	5
8	1637—1947	小麦、大豆、玉米、黍、棉花	传统耕作、有机肥、灌溉	2
9	1950—1979	小麦、大豆、玉米、黍	两年三熟、有机肥、化肥、灌溉	4
10	1980—至今	小麦、玉米	一年两熟、试验处理开始	2

长期试验前的作物产量和肥料施用量都是根据文献记载，近代的以中国统计年鉴数值为主。然后运行模型，使土壤有机碳含量达到长期施肥试验初期的水平，即算初始化结束。

模型模拟篇

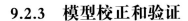

9.2.3 模型校正和验证

根据未来情景设置，有化肥、有机肥、化肥有机肥配施、秸秆还田和灌溉等处理。本研究对这些处理分别进行校验，所用数据与处理见表9-2和表9-3。思路为：用禹城试验站高有机肥（HOM）和高化肥（HNPK）处理分别进行模型校正，校正完成后，分别用传统用量有机肥（OM）、化肥（NPK）和混合配施（MIX）试验处理的数据进行验证。由于禹城长期试验站缺少秸秆还田和灌溉处理，我们利用同为潮土的北京昌平长期试验站灌溉处理（W）（较普通化肥处理减少1/3灌溉用水）对模型进行校验，用黄河下游引黄灌区的郑州长期试验站秸秆还田处理（S）对模型进行校验。由于昌平和郑州与黄河下游引黄灌区的土壤质地接近，其试验结果在该地区有代表性，可以用于黄河下游引黄灌区生态系统未来情景模拟。

具体在模型初始化完成以后，按照长期试验的施肥和管理措施来进行模拟。肥料投入量严格按照试验处理的量进行，作物品种的更替如果有详细资料可以按照详细品种资料进行参数更改，如果没有品种资料就按照5～7年品种轮换的规律进行更改，模型运行所用土壤基本参数见表9-4。

模型的模拟过程分为两部分，作物产量和土壤。对于作物产量来说，由于黄河下游引黄灌区都是小麦—玉米轮作种植体系，因此模型需要对小麦、玉米的产量同时进行校正和验证。对于土壤有机碳的模拟，一旦模型根据实际管理措施进行完校验，对于土壤有机碳的模拟只是该管理模式下的土壤有机碳模型拟合的动态变化，因此只用于模型验证，所有有关土壤有机质分解和累积的参数都使用模型默认值。

气象数据日值数据来源于中国气象局数据服务中心（http://data.cma.cn/）。

表9-2　华北平原长期试验站基本参数

	昌平	禹城	郑州
经度（°）	116.25	116.57	113.65
纬度（°）	40.21	36.83	34.78
作物	小麦—玉米	小麦—玉米	小麦—玉米
试验年限	1990—2005	1987—2008	1990—2008
年均降水量（mm）	600	569	615.1

（续表）

	昌平	禹城	郑州
年均温（℃）	11	13.4	14.5
砂粒（%）	20	13	27
粉粒（%）	65	66	61
黏粒（%）	15	21	13
初始土壤有机碳（g/kg）	7.1	3.97	6.15
容重（g/cm^3）	1.49	1.4	1.5
pH	8.2	8.2	8.3

表9-3　华北平原长期试验站施肥处理

	处理	小麦		玉米	
		基肥（kg N/hm^2）	追肥（kg N/hm^2）	基肥（kg N/hm^2）	追肥（kg N/hm^2）
昌平	NPK	90C$^+$	60C	90C	60C
	NPKW	90C	60C	90C	60C
禹城	NPK	90C	135C	90C	135C
	M	225M$^+$	—	225M	—
	MIX	112.5C+112.5M	—	112.5C+112.5M	—
	HNPK	180C	270C	180C	270C
	HM	450M	—	450M	—
郑州	NPKS	123C	42S	113C	75C

注：NPK，代表仅施用化肥；NPKW，代表常规施化肥处理，灌溉量减少1／3；M，代表施用有机肥；MIX，代表化肥和有机肥配施；HM，代表高量有机肥；HNPK，代表高量化肥；NPKS，代表秸秆还田。C$^+$，代表化肥；M$^+$，代表有机肥

表9—4　模型模拟所用土壤参数

土层深度最小值(cm)	土层深度最大值(cm)	土壤容重(g/cm³)	田间持水量(100%)	萎蔫点(100%)	蒸散系数	土层根系占比(100%)	砂粒(100%)	黏粒(100%)	有机质比	最小土壤体积含水量	饱和导水率	pH
0	2	1.4	0.326 77	0.105 81	0.8	0.01	0.13	0.21	0.01	0.08	0.000 32	8.2
2	5	1.4	0.326 77	0.105 81	0.2	0.04	0.13	0.21	0.01	0.06	0.000 32	8.2
5	10	1.4	0.326 77	0.105 81	0	0.25	0.13	0.21	0.01	0.04	0.000 32	8.2
10	20	1.4	0.326 77	0.105 81	0	0.3	0.13	0.21	0.01	0.01	0.000 32	8.2
20	30	1.4	0.326 77	0.105 81	0	0.1	0.13	0.21	0.01	0	0.000 32	8.2
30	45	1.4	0.326 77	0.105 81	0	0.05	0.13	0.21	0.01	0	0.000 32	8.2
45	60.	1.4	0.326 77	0.105 81	0	0.04	0.13	0.21	0.01	0	0.000 32	8.2
60	75	1.4	0.326 77	0.105 81	0	0.13	0.13	0.21	0.01	0	0.000 32	8.2
75	90	1.4	0.326 77	0.105 81	0	0.02	0.13	0.21	0.01	0	0.000 32	8.2
90	105	1.4	0.326 77	0.105 81	0	0.01	0.13	0.21	0.01	0	0.000 32	8.2
105	120	1.4	0.326 77	0.105 81	0	0	0.13	0.21	0.01	0	0.000 32	8.2
120	150	1.4	0.326 77	0.105 81	0	0	0.13	0.21	0.01	0	0.000 32	8.2
150	180	1.4	0.326 77	0.105 81	0	0	0.13	0.21	0.01	0	0.000 32	8.2

模型模拟篇

9.2.4 DayCent模型校验与评价

　　禹城试验站各处理前期波动比较大，但后期不同处理间趋于稳定。整体来看，小麦产量总体呈现上升趋势的，中间从1997年到2005年略微下降，后又继续增加（图9-3）。各处理间的产量在试验后期都达到6 000 kg/hm²左右，且处理间差异不显著（图9-3）。玉米来看，年际间变化趋势同小麦类似。各处理间产量前期波动比较剧烈，后期趋于稳定（图9-3）。后期从1997年开始，产量的下降趋势可能是因为气候因素造成的。

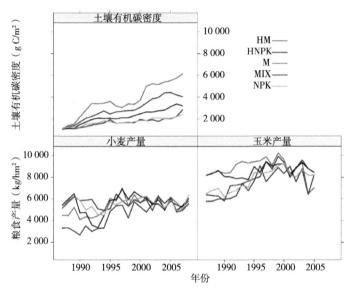

图9-3　禹城试验站长期施肥处理小麦、玉米产量及土壤有机碳密度变化趋势

注：HM为高量有机肥；HNPK为高量化肥；MIX为有机肥化肥混施；M为有机肥；NPK为化肥

　　对于土壤有机碳密度来说，经过长期不同处理，土壤有机碳含量都是逐渐升高的（图9-3）。而且不同处理上升趋势稳定，年际间波动比较小。经过近20年的连续试验，各处理对于土壤有机碳累积的贡献也逐渐显现。不同处理对土壤有机碳提升的作用差别比较明显，添加有机肥处理的要高于其他处理，有机肥施用越多，土壤有机碳增加趋势就越明显，增加速率也越快。各处理土壤有机碳增加速率高低依次是HM>M>MIX>HNPK=NPK（$P<0.05$），且没有出现增速降低趋势。

　　用于模型校正的各试验处理的数据能够满足模型校正要求（图9-4）。玉米和小麦产量校正后与实测数据R^2都达到较高水平。各处理施肥量的差异跨度

模型模拟篇

较大，450 ~ 900 kg N/hm²。模型的验证结果比较理想，不同处理玉米和小麦长期产量趋势不是很明显，但对不同处理的观测指标模型模拟均能达到较好的拟合结果（图9-5）。鉴于小麦、玉米籽粒产量年际波动较大，因此采用各处理产量平均值（玉米+小麦）对模型进行验证（图9-6），结果表明模型对玉米小麦多年平均产量的预测效果明显。R^2达到0.94，RMSEP和MEP值相对产量来说也达到模拟要求。

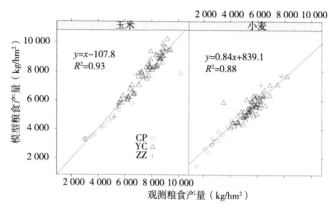

图9-4　模型校正结果

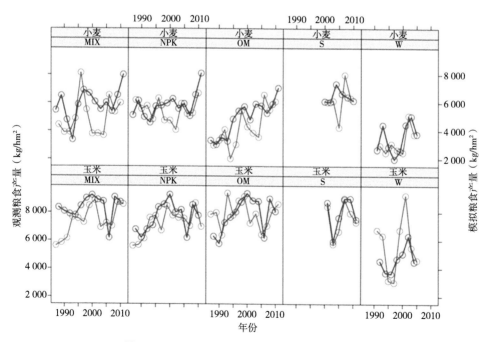

图9-5　不同处理作物产量对模型的验证与评价

注：粉红线代表模拟结果；蓝色线代表实测结果

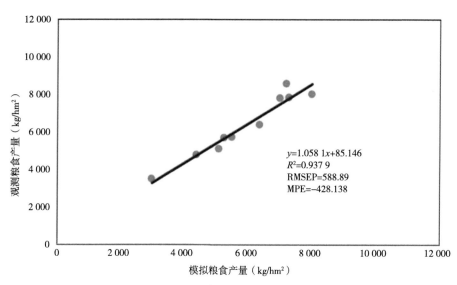

$y=1.058\ 1x+85.146$
$R^2=0.937\ 9$
RMSEP=588.89
MPE=−428.138

图9-6　不同处理作物产量平均值对模型的验证与评价

虽然模型对小麦、玉米产量的模拟有一定波动，但是不影响对土壤有机碳的拟合，通过对不同处理的模型验证来看，观测值和拟合值的R^2达到了0.86（图9-7）。从各处理拟合情况来看，DayCent模型可以准确模拟作物产量水平，并且对土壤有机碳的模拟效果也非常好，说明模型能够较好模拟该区域作物产量水平下土壤有机碳的动态变化。

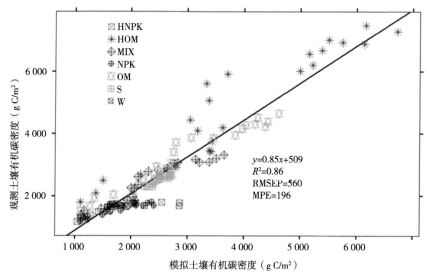

$y=0.85x+509$
$R^2=0.86$
RMSEP=560
MPE=196

图9-7　土壤有机碳密度对模型的验证与评价

9.2.5　不同管理模式下作物产量和土壤有机碳动态

采用不同耕作+秸秆还田模式及施肥速率，情景间小麦、玉米产量差异不大（图9-8），说明当前气候和土壤条件下，理论上各处理N肥的投入量已经能够满足作物吨粮的需求（小麦6 400 kg/hm²，玉米9 600 kg/hm²）。

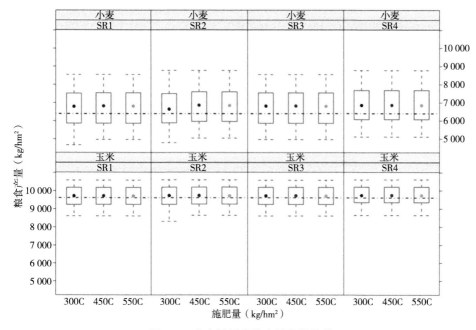

图9-8　未来情景作物产量发展趋势

注：红虚线代表玉米产量9 600 kg/hm²水平；蓝虚线代表小麦产量6 400 kg/hm²水平

从1980年开始，不同管理模式下土壤有机碳都是增加的趋势（图9-9）。同等化肥施用速率下，四种模式的有机碳增加速率略有不同。从有机碳密度随时间变化情况来看，大体可以分为两个阶段：第一阶段为1980—2000年，SR1和SR3管理模式下，土壤有机碳密度增加速率高于SR2和SR4；第二阶段为2000年以后，与第一阶段相反，SR2和SR4超过SR1和SR3，最终土壤有机碳密度含量大小顺序为SR4>SR2=SR3=SR1。即相同碳投入量前提下，传统耕作开始比保护性耕作条件下有机碳增加速率稍快，随时间推移，保护性耕作比传统耕作有机碳累积效率更高。SR4高于SR2，表明过腹后有机肥还田土壤有机碳累积效率比单纯秸秆还田要高。

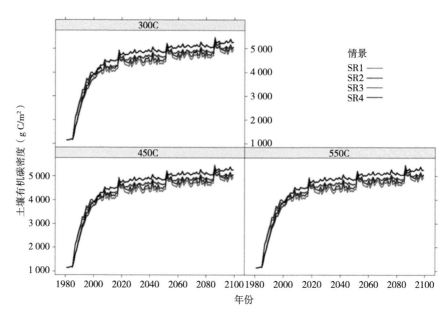

图9-9　三种化肥施用速率下不同耕作还田模式对土壤有机碳的影响

　　四种耕作和秸秆还田模式下，不同化肥氮施用速率对土壤有机碳密度几乎没有影响，三种化肥施用速率下的土壤有机碳密度随时间变化曲线几乎重合（图9-10）。另外相比SR2和SR4，SR1和SR3情景下，土壤有机碳的年际变

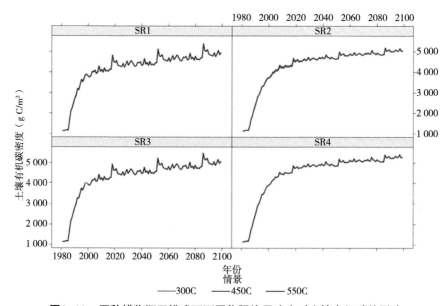

图9-10　四种耕作还田模式下不同化肥施用速率对土壤有机碳的影响

化波动更大，说明传统耕作有机碳累积更容易受到外界环境条件的影响。而保护性耕作条件下，土壤有机碳密度变化更加平稳，受外界环境（主要是气象因素）的影响比较小。

我们以1980年土壤有机碳密度值为基准，计算不同时间尺度下土壤有机碳密度变化效率（图9-11）。结果表明，在1980—2100年，前20年土壤有机碳累积速率最快，并在2000年左右达到拐点，之后进入缓慢增加阶段。相对1980年，前20年SR3增加了2.77（kg C/m^2）=SR4（2.77 kg C/m^2）>SR1（2.64 kg C/m^2）>SR2（2.59 kg C/m^2）。所有情景下土壤有机碳密度平均增加了2.69 kg C/m^2，年均速率为每年0.135 kg C/m^2。前30年，所有情景增加3.13 kg C/m^2，平均增加速率为0.104 kg C/m^2。到2050年，有机碳密度将达到4.6 kg C/m^2。

有机物料投入增加是导致土壤有机碳累积的最直接有效的途径。从1980年以来的近30年，有机碳含量增加速率达到每年0.01～0.012 5 g/kg，有机碳密度增加速率达到每年0.031 kg/m^2。有研究表明，禹城和郑州长期施肥导致土壤有机碳累积速率达到每年0.019 kg/m^2。而DayCent模型结果来看，到2000年，禹城地区农田土壤有机碳增加速率为每年0.135 kg C/m^2，到2010年，增加速率为每年0.104 kg C/m^2（图9-9）。说明未来禹城增加有机碳投入和实施保护性耕作，其农田土壤有机碳固持速率将比过去30年增加速率高2.35倍。与第2章中对禹城县历史和重采样计算结果比较，整个禹城地区农田土壤有机碳从1980年的1.39 kg C/m^{2}增加到2010年的2.70 kg C/m^2（表2-2），总体平均年际增加速率为每年0.044 kg C/m^2。由我们调查问卷可知，目前华北平原秸秆还田率在50%左右，当秸秆还田率增加到100%时，由模型结果可知，土壤有机碳增加速率将比目前提高1.36倍，说明未来秸秆全还田下华北平原农田土壤有巨大的有机碳提升潜力。

前人利用Agro-C模型对未来情景下华北平原农田土壤有机碳进行模拟，同样发现在增加有机物质投入情况下，土壤有机碳将大幅增加，而且前50年增加速率最快。在动物有机粪肥M4 000 kg/hm^2+化肥N300 kg/hm^{2}及秸秆R100%还田情况下，黄河下游引黄灌区农田土壤有机碳密度在2060年左右将达到5.5 kg C/m^2，与我们的结果4.8 kg C/m^{2}十分接近。增加秸秆和有机肥的投入能够快速增加土壤中轻组有机碳或易氧化有机碳的含量，促进了土壤中有机碳周转，是华北平原进行土壤有机碳提升的有效措施。

黄河下游引黄灌区化肥使用量普遍过高，部分地区氮肥施用量甚至超过

600 kg N/hm², 严重超过作物生长所需。并且, 过量氮肥的流失已经引起了一系列的环境问题, 如土壤酸化、大气氮沉降增加和地下水污染等。据统计华北平原高产区小麦—玉米轮作体系每年平均施化肥氮素588 kg/hm², 远远超过作物需氮量311 kg/hm²。从模型结果来看, 当秸秆全量还田或者配施有机肥的情况下, 化肥施用量从当前的550 kg/hm²降低到450 kg/hm²甚至300 kg/hm², 对产量并不会产生影响, 因为氮的投入量已经完全能够满足作物生长的需求, 这一结果与利用Agro-C模拟的前人研究结果一致, 当化肥用量超过300 kg N/hm²时, 其对作物产量的贡献几乎可以忽略。有研究通过华北平原8个长期定位施肥试验站数据表明, 能够维持黄河下游引黄灌区土壤有机碳增加的施肥速率为氮、磷、钾肥分别为270 kg/hm²、150 kg/hm²和150 kg/hm²。为探讨玉米及化肥中氮的去向及土壤氮库平衡问题, 对前人发表的利用¹⁴N示踪试验的数据进行汇总分析, 发现在施肥量达到190 kg N/hm²产量达到最高, 而且秸秆吸收氮的量随着施肥量的增加呈线性增加关系。在秸秆100%还田条件下, 只要137 kg N/hm²的施肥量, 土壤氮库即可达到平衡, 并且该模式下玉米对氮素的利用效率显著高于传统施肥方式。因此, 增加秸秆投入能够有效降低化肥氮肥的投入量。

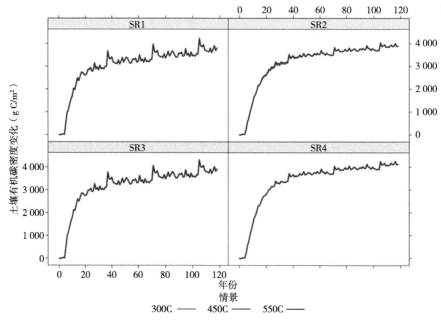

图9-11 不同情景下土壤有机碳随时间变化情况

注: 图中横坐标年份表示距1980年的年份, 即20指2000年

模型拟合结果来看（图9-12），当前农耕环境下，黄河下游引黄灌区作物灌溉用水减少1/3对小麦和玉米产量略有减产影响，但影响并不显著（$P=0.05$）。目前常规处理会使小麦产量波动较大，常规处理（300 kg N/hm²）下小麦产量为4 960~8 555 kg/hm²，玉米产量为8 030~10 451 kg/hm²，趋于周期性波动。灌溉量减少1/3后，小麦产量为4 651~8 763 kg/hm²，玉米产量为8 038~10 406 kg/hm²。

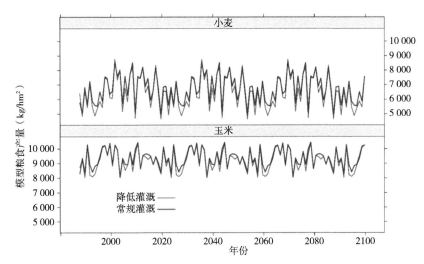

图9-12 灌溉量减少与常规灌溉处理下作物（小麦、玉米）产量比较

黄河下游引黄灌区水资源短缺日益严峻，学者针对节水灌溉、提高作物水分利用效率问题做过大量研究。从昌平节水灌溉处理长期作物产量监测结果来看，减少1/3灌溉后作物产量并无显著下降（$P=0.05$），与本章模型结果一致。小麦受降水影响较大，华北平原年际间降水分布不均匀是造成模型结果中小麦产量波动大的原因，而降水70%~80%集中在夏季保证了玉米水分的供应。研究认为华北小麦产量潜力为9 000 kg/hm²，玉米为10 500 kg/hm²，通过节水灌溉代替目前的大水漫灌，并通过基因工程手段提高作物抗旱性和水分利用效率（WUE）能够在未来保证产量的同时大大节约农田灌溉用水量。另外，随着秸秆还田政策的推广实施，作物秸秆粉碎后还田进一步增加了土壤的保墒能力。

9.2.6 结论与展望

禹城位于黄河下游灌区内，是过去30年来黄河下游引黄灌区农业发展历程的典型代表。20世纪80年代以前，该地区饱受旱涝盐碱等自然灾害影响，有机碳含量和作物产量水平都极低。模型和实际调查表明，优化农田管理措施可使该地区作物产量和土壤有机碳得到显著提高。在禹城地区配施有机肥能对盐渍化土壤有机碳提升起到重要作用，进而改善土壤供肥保肥性能。虽然黄河下游引黄灌区有机碳固持速率较高，但由于初始值低，相对中国其他农业区（华南、华东、东北等）土壤有机碳水平仍然处于较低水平，还有较大提升空间。另一方面，黄河下游地区还有大量待改良的盐碱中低产田（如河北滨海平原和山东黄河三角洲等），利用工程措施进行改良后，推行环境友好型农田管理措施，不仅能够使该区域作物产量得到较大幅度提升，而且也将使土壤有机碳含量提升到一个新的水平。

通过DayCent模型对黄河下游引黄灌区不同碳管理情景的模拟，表明有机物料投入和保护性耕作是影响农田土壤有机碳的主要因素。研究区多地作物产量已经达到甚至超过吨粮水平，而且通过我们对河北、山东和河南的问卷调查，发现华北地区作物秸秆还田平均从2003年开始，而且还田比例目前可以达到50%，部分地区由于地势平坦，便于利用机械收割机进行联合收割，更有利于秸秆粉碎后直接还田，都说明黄河下游引黄灌区的农田有巨大土壤有机碳提升潜力。

在保证产量的同时，进行化肥减施是可行且有必要的。另外，应适当推广保护性耕作，对玉米秸秆进行过腹还田将有效提高秸秆利用效率和土壤有机碳累积效率。为应对华北平原暖干化，黄河水源分配减少的问题，应该进一步推广节水灌溉措施，同时培育新品种提高水分利用效率，这样才能在未来农业灌溉用水减少的情况下保证产量稳定。

9.3　滨海盐碱区土壤有机碳管理模式的优化与模拟

由于人类活动加剧，农田生态系统碳循环随着未来大气中CO_2浓度增加以及全球变暖趋势而发生改变。当前已有大量研究证实，不同的未来气候变化情景下农田土壤碳库会产生不同的响应。但土壤有机碳储量对气候变化的响应受地理位置、种植制度、管理措施等多方面的影响，目前尚未有针对滨海盐碱农田未来气候情景下土壤有机碳动态的相关研究。

前文中，已经就滨海盐碱农田1980年至今的土壤固碳现状、限制因素和驱动机制进行了解析，亟待明确气候变化背景下黄河三角洲滨海盐碱区农田土壤有机碳储量的未来变化趋势，以便为滨海盐碱地农业生态系统应对气候变化提供科学依据。因此，本节通过5个CMIP6（Coupled Model Intercomparison Project）模式的历史数据以及SSP126和SSP585情景下的未来气候数据，结合长期农田点位监测数据和区域采样数据，分析2015—2100年黄河三角洲地区未来气温和降水的变化趋势，验证DNDC模型在滨海盐碱区农田的适应性，并探索在未来潜在产量增加和气候变化情景下滨海盐碱农田土壤有机碳固存的潜力。

模型模拟篇

9.3.1　模型验证与情景设计

以长期农田点位2007—2017年共11年获取的土壤有机碳储量数据（见第4章）为基础，与DNDC模拟数据进行对比，以检验DNDC模型对土壤有机碳的模拟能力，具体的检验指标包括R^2、均方根误差（RMSE）和平均绝对误差（MAE），具体计算公式如下：

$$R^2 = \left[\frac{\sum_{i=1}^{n}(P_i - \bar{P}_t)(O_i - \bar{O}_t)}{\sqrt{\sum_{i=1}^{n}(P_i - \bar{P}_t)^2 \sum_{i=1}^{n}(O_i - \bar{O}_t)^2}} \right] \quad （1）$$

$$RMSE = \sqrt{\frac{\sum_{i=1}^{n}(P_i - O_i)^2}{n}} \quad （2）$$

$$MAE = \frac{\sum_{i=1}^{n}(|P_i - O_i|)}{n} \quad （3）$$

其中，P_i和O_i分别为模拟和实测的有机碳储量值；$\bar{P}_t$和$\bar{O}_t$分别是预测和实测的平均值；n是有效实测的数量。

由于地区和品种等差异都会导致不同的作物生理参数，因此应首先根据当地实地情况对DNDC模型中作物参数进行当地化的校正以精确模拟作物生长。校正后的作物生理参数见表9-5。

表9-5 黄河三角洲地区DNDC模型主要作物参数校正

参数	玉米	小麦	棉花
最大生物量（kg C/hm²）	3 600	2 398	1 440
籽粒部分生物量分配比例	0.4	0.41	0.32
叶片部分生物量分配比例	0.22	0.21	0.26
茎秆部分生物量分配比例	0.22	0.21	0.26
根系部分生物量分配比例	0.16	0.17	0.16
籽粒碳氮比	50	40	10
叶片碳氮比	80	95	45
茎秆碳氮比	80	95	45
根系碳氮比	80	95	75
生长积温（℃/生长季）	2 550	1 300	2 500
需水量（g水/g干物质）	150	200	400

在本研究中，我们希望尽可能涵盖多的增产情景和气候变化情景以探索滨海盐碱地农田土壤有机碳动态。在未来模拟中，设置了SSP126和SSP585两种气候变化情景，假设到2100年农田管理措施、作物品种等保持不变。模拟分为区域模拟和点位模拟两个部分进行。

区域模拟是对区域采样点分别运行DNDC模型，以区域采样土壤背景信息为基准值，分别模拟在两种气候变化情景和当前产量水平下全部种植玉米—小麦或单作棉花的情形下2020—2100年每年的土壤有机碳储量变化。基于模拟结果，通过ArcGIS10.2克里金插值的方法获取区域上土壤有机碳80年间的变化空间图。

点位模拟旨在探索增产对滨海农田土壤固碳潜力的贡献大小。除气候变化情景外，设置CK、S1和S2三种增产情景。增产情景分别表示当前产量水平（CK）、达到华北平原高产农田的理论产量水平（S1）和达到全国高产农田产量水平（S2）。通过对近10年全国玉米、小麦和棉花产量的对比分析，确定了各增产情景的相对最大生物量如表9-6所示。运行气候变化和增产共6种情景下的DNDC模型，输出得到2020—2100年两种种植制度每年的土壤有机碳储量。

表9-6 三种产量增加情景下玉米、小麦和棉花相对最大生物量

增产情景	相对最大生物量		
	玉米	小麦	棉花
CK	1.00	1.00	1.00
S1	1.10	1.10	1.45
S2	1.20	1.20	1.70

9.3.2 DNDC结果验证

基于校正的作物生理参数我们建立了滨海盐碱农田的DNDC模型，并将基于长期点位得到的11年间模拟结果与实测结果进行比对，发现DNDC模型在滨海盐碱农田有较好的适用性（图9-13）。DNDC模拟土壤有机碳储量的值与实测值之间有极显著的回归拟合关系（$P<0.001$）。总体来看，单作棉花农田（图9-13a）的模型评价指标R^2、RMSE和MAE分别为0.82、1.07和0.93，均要优于小麦—玉米轮作农田（图9-13b），后者三个评价指标值分别为0.76、1.30和0.94。DNDC模型略微高估了滨海盐碱区农田土壤有机碳储量，这一趋势在小麦—玉米农田更加明显（线性拟合斜率为0.90）。

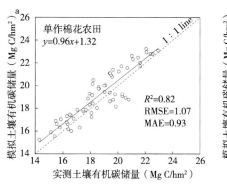 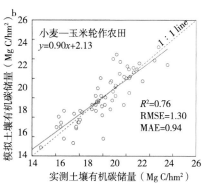

图9-13 两种农田土壤碳储量实测值和模拟值对比

图9-14和图9-15分别表示单作棉花农田和小麦—玉米轮作农田各试验点的模拟土壤有机碳储量和实测值的逐年对比。模拟结果并没有准确反映出土壤有机碳在少数年份的波动，但整体来看各点位的模拟结果与实测值仍然有较好的拟合性。

模型模拟篇

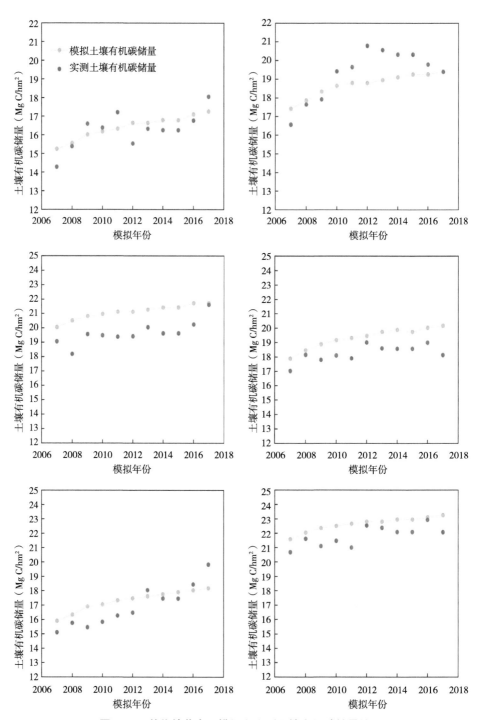

图9-14 单作棉花农田模拟和实测土壤有机碳储量结果

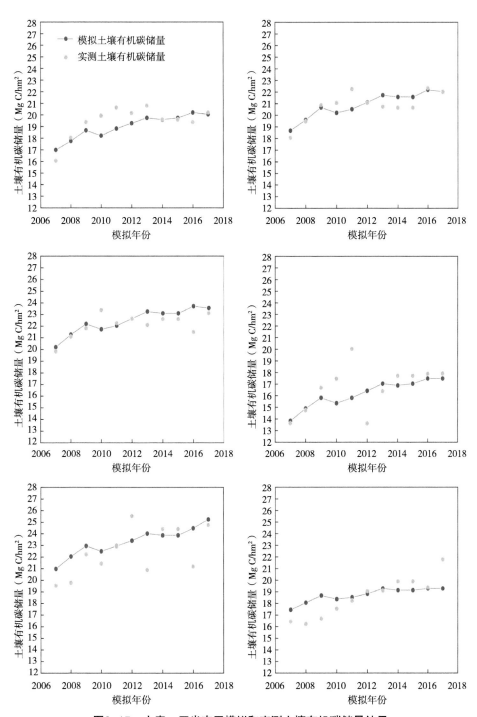

模型模拟篇

图9-15　小麦—玉米农田模拟和实测土壤有机碳储量结果

9.3.3 黄河三角洲未来气象条件变化

基于SSP126和SSP585两种情景分析得到黄河三角洲地区未来年平均温度和年降水量的变化（图9-16）。两种情景下年平均温度有较大的差距，在SSP585情景下到2100年年平均温度将达到18.14℃，增温幅度为每年0.06℃，而SSP126情景下到2100年年平均温度和增温幅度仅为每年14.68℃和0.02℃。年降水量年际间波动较大，两种情景下没有明显的差距。但在2060年以后SSP585情景下的降水量基本都要高于SSP126情景，到2100年降水量的差距达到337.89 mm。

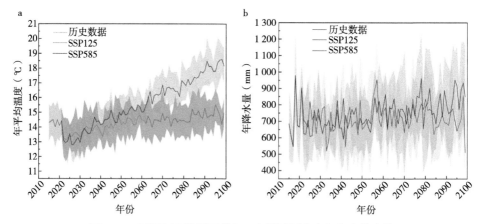

图9-16 不同SSP情景下黄河三角洲地区未来气象条件变化

9.3.4 气候变化情景下滨海农田土壤碳储量区域变化

基于区域农田点位的基础土壤信息，我们通过DNDC模型模拟了气候变化情景下研究区域未来土壤有机碳储量的变化并得到空间分布图（图9-17）。整体来看，如果未来80年研究区内农田全部种植单作棉花（图9-17a，图9-17b），SSP126和SSP585情景下81.83%和91.70%的农田土壤将转变为碳源，造成土壤有机碳储量的损失，损失量最高为14.56 Mg C/hm²。少数表现为碳汇的地区集中在黄河沿岸地区，增加量最高为5.22 Mg C/hm²。如果未来80年研究区内农田全部种植玉米—小麦（图9-17c，图9-17d），仅在SSP585情形下有极少数东部地区（0.75%）表现为碳源，损失量最高为8.80 Mg C/hm²，其他地区表现为碳汇，增加量最高为31.90 Mg C/hm²。SSP126情形下全部地区均表现为碳汇，增加量为4.38～26.60 Mg C/hm²。

土壤有机碳储量动态分布与黄河和海洋的距离有明显的关系。研究区内同一模拟情景下黄河流经的区域土壤固碳量相对高于其他地区，而靠近海洋的农田土壤有机碳累积量也要明显高于远离海洋的地区。以SSP126情景下种植单作棉花（图9-17a）为例，有机碳储量增加（0~6 Mg C/hm²）的地区主要分布在距黄河65 km以内，而有机碳储量降低最多（-15~-7 Mg C/hm²）的地区主要分布在距离海洋50 km以外的农田。

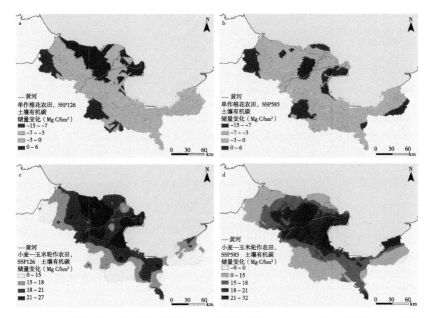

图9-17　不同气候变化情景下黄河三角洲地区两种农田土壤有机碳储量时空变化

注：图中四种情景分别为（a）单作棉花和SSP126；（b）单作棉花和SSP585；（c）小麦—玉米和SSP126；（d）小麦—玉米和SSP585

9.3.5　增产情景下滨海农田有机碳储量潜力预测

结合建立的DNDC模型和未来气候数据，预测了SSP126和SSP585和增产情景下2020—2100年滨海盐碱农田土壤有机碳储量变化（图9-18）。结果表明气候变化显著影响了农田土壤碳，SSP585下土壤有机碳储量都要低于SSP126。以2100年为例，SSP585下各产量情景下单作棉花农田和小麦—玉米轮作农田比SSP126情景下土壤碳储量分别低了0.68~0.9 Mg C/hm²和3.55~3.76 Mg C/hm²。相比于当下的产量，产量越高土壤有机碳储量也越高。

玉米—小麦农田（图9-18a，图9-18b）的未来土壤固碳可以分为快速固碳期和碳饱和期两个时期。SSP126情景下2030年前为快速增碳期，三个处理固碳速率平均为每年0.35 Mg C/hm²，随后2030—2100年，CK、S1和S2的固碳速率有所降低，分别为每年0.08 Mg C/hm²、0.085 Mg C/hm²和0.094 Mg C/hm²，2100年土壤有机碳储量分别增加到30.6 Mg C/hm²、31.24 Mg C/hm²和32.16 Mg C/hm²。SSP585情景下，2050年以前为快速固碳期，三个处理固碳速率平均为每年0.19 Mg C/hm²，随后50年土壤有机碳储量几乎保持不变，CK、S1和S2情景下碳饱和含量分别为27.3 Mg C/hm²、27.9 Mg C/hm²和28.53 Mg C/hm²。

单作棉花农田（图9-18c，图9-18d）的土壤固碳也可以明确分为快速固碳期（2020—2035年）和碳饱和期（2035—2100年）两个时期。在快速固碳期，单作棉花农田所有情景土壤碳都处在快速上升阶段，两种气候情景下CK、S1和S2土壤碳增加速率分别为每年0.061 Mg C/hm²、0.15 Mg C/hm²和0.18 Mg C/hm²。在随后的碳饱和期，SSP126情景下CK处理土壤有机碳开始直线下降，分别从2035年的19.71 Mg C/hm²下降到2100年的18.42 Mg C/hm²。S1在SSP126情景下在随后的70多年里碳增长速率急速下降，此时土壤有机碳储量几乎不变达到碳饱和值，为21.42 Mg C/hm²；S2在SSP126情景下碳储量缓慢增加，从2035年的22.11 Mg C/hm²增加到2100年的23.07 Mg C/hm²，固碳速率相比前一时期下降了91.8%。SSP585情景下CK、S1和S2三种增产情景土壤有机碳储量均下降，70年间土壤有机碳损失速率分别为每年0.03 Mg C/hm²，0.01 Mg C/hm²和0.01 Mg C/hm²。

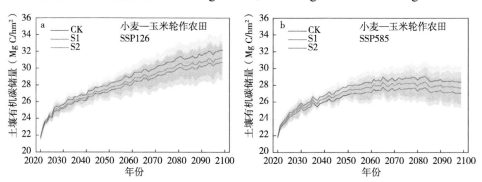

图9-18 不同气候变化增产情景下黄河三角洲两种种植制度的有机碳储量变化

注：三种产量增加情景CK、S1和S2分别表示该种作物在黄河三角洲当前的产量水平，达到华北平原的高产水平和达到全国的高产水平

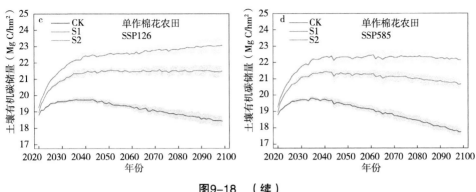

图9-18　（续）

9.3.6　结论与展望

本研究证实在滨海农田的环境条件下通过校正DNDC模型参数实现土壤碳动态的模拟是可行的，且具有较好的模拟精度。先前大多数的生物过程模型已在非盐碱土的环境下得到验证，但在盐碱土环境下的应用验证直到现在还少有评估。现有的对于盐碱胁迫下碳模型的优化主要是通过增加模块来解释土壤盐分对土壤微生物分解率的影响和对作物输入信息的影响来量化土壤盐分对土壤碳储量的间接影响。本研究通过对作物生理参数的校正从而改变了作物输入信息，实现了DNDC模型在滨海农田应用的验证。

区域模拟结果表明距离黄河和海洋的距离显著影响了滨海农田土壤碳储量的累积，具体表现为靠近黄河和海洋会促进农田土壤固碳。可能的原因是沿海地区淡水资源匮乏，靠近黄河的农田往往能保证充足的灌溉水源从而改善土壤物理结构、促进作物生长进而增加土壤外源碳的投入。另一方面，黄河从上游冲刷累积的泥沙往往含有大量的有机质，会改善靠河农田的土壤养分和结构，从而促进农田作物生长而增加土壤外源碳。距离海洋近的农田更易受到海水盐分的影响，往往具有更高的土壤含盐量，而高含盐量提高了土壤溶液的渗透势，引起离子特异性毒性而抑制土壤微生物活性，从而延缓了土壤有机碳的分解，促进土壤固碳。我们提供的证据表明当前棉花农田的碳管理是不科学且不可持续的，即如果维持现有的农作措施和产量水平不变，单作棉花农田的土壤将逆转为碳源，进一步证明我们探索滨海农田科学碳管理措施的必要性和紧迫性。

点位模拟结果表明SSP585高排放情景相比于SSP126的可持续情景，到2100年导致棉花农田和小麦—玉米轮作农田土壤碳储量分别平均减少了3.9%

模型模拟篇

和11.6%，表明长期来看未来气候变暖将降低滨海盐碱农田土壤有机碳储量的累积。在当前全球变暖的背景下，大气CO_2浓度和全球平均温度的升高通过影响土壤微生物和作物生产力对农田土壤碳库产生强烈影响。温度升高促进农田土壤微生物分解反应的活性分解速度，从而降低SOC含量，这可能是因为升温可以改变土壤微生物群落结构，以及为酶催化反应提供最适温度。另一方面，大气CO_2浓度改变会影响作物碳固定量，从而改变作物残茬和根系分泌物作为碳源向农田有机碳的输入。研究还发现在滨海地区棉花农田土壤碳汇应对气候变暖具有更好的抵抗能力，然而总体来看其土壤碳储量水平低于玉米—小麦农田。结果说明如果不采取必要的措施减少未来大气CO_2排放，增加土壤固碳进而缓解全球气候变暖，这一变暖趋势将进一步对滨海农田土壤固碳造成负反馈，形成恶性循环。

土壤碳饱和的概念说明土壤中有机碳具有最大的存储容量。土壤碳存在饱和点的原因是土壤矿物可结合的表面是有限的，且土壤中其他物理化学过程受环境影响限制。我们的研究发现，在现有的农田管理措施不变的情况下，棉花农田到2030年达到碳饱和状态，而小麦—玉米轮作农田的碳饱和点要明显晚于棉花农田，SSP585情景下为2050年，而SSP126情景下到2100年还未达到碳饱和点。造成这一差异的原因可能是小麦—玉米轮作农田秸秆还田为土壤带来源源不断的碳输入，这也说明了探索棉花植株高效再利用技术的重要性。先前的研究证实，有机碳积累的时间跨度和碳饱和点都高度依赖于环境。我们的研究进一步说明即使自然环境类似，在农田环境下农田管理（施肥、种植模式和灌溉等）的不同也会造成土壤碳累积过程的较大差异。模型预测结果表明在最理想产量增加情况下（S2）滨海农田2100年最大的土壤有机碳储量约为32.16 Mg C/hm^2，这一数值虽然仅仅达到了华北平原中高产农田2015年左右的水平，但根据我们的结果估算在保证增产的理想状态下，中国的滨海中低产农区（面积约为2.12×10^6 hm^2）将为中国2030年和2050年的"双碳"目标分别贡献54.82 Tg C和68.18 Tg C固存量。因此我们的研究进一步佐证了滨海农田为代表的中低产田具有较高的碳汇潜力，其开发利用是实现农业"双碳"目标的重要途径之一。

我们的结果表明提高产量是增加滨海农田土壤有机碳的有效手段，低排放情景和增产可以将棉花农田碳源转变为碳汇。采取一定的手段将滨海农田中低产田产量提高到相邻华北平原和全国的产量水平会促进棉花农田土壤有机碳储量增加16.7%和21.6%；促进玉米—小麦农田土壤有机碳储量增加1.8%和

4.8%。造成这一差异的原因主要是由于黄河三角洲地区棉花农田产量需要更大的提升以实现高产，为土壤带来更多的外源碳输入。值得注意的是，我们并没有考虑实现产量提高所采取的具体农田措施对农田土壤碳固存的具体影响。然而随着保护性耕作和可持续发展农业的发展，越来越多的农田管理被证实可以实现产量增加和土壤固碳的双赢局面。

综上，当前滨海农田的农田管理措施和产量水平并非都是可持续的，未来滨海农田具有较大的固碳潜力，改造中低产田可以有效实现滨海农田的固碳。农田环境下农田管理（施肥、种植模式和灌溉等）的不同会造成土壤碳累积过程的较大差异；滨海盐碱农田固碳需要环境-社会-经济多方面协同并进的科学管理政策以形成减缓气候变暖和促进土壤固碳齐头并进的良性循环。

参考文献

曹瑞红，张美玲，李晓娟，等，2022. 甘南高寒草甸土壤有机碳储量时空分布特征的模拟分析[J]. 生态学杂志，41（11）：2145-2153.

傅伯杰，郭旭东，陈利顶，等，2001. 土地利用变化与土壤养分的变化——以河北省遵化县为例[J]. 生态学报（6）：926-931.

胡正江，康晓晗，薛旭杰，等，202. 集约农田管理措施对桓台县域土壤有机碳储量的影响[J]. 中国生态农业学报（中英文），30（8）：1258-1268.

贾海霞，汪霞，李佳，等，2019. 新疆焉耆盆地绿洲区农田土壤有机碳储量动态模拟[J]. 生态学报，39（14）：5106-5116.

蒋腊梅，杨晓东，杨建军，等，2018. 不同管理模式对干旱区草地土壤有机碳氮库的影响及其影响因素探究[J]. 草业学报，27（12）：22-33.

马露露，徐婷，李泽森，等，2023. 基于DNDC模型分析降水变化对黄土丘陵区草地生物量和土壤有机碳的影响[J]. 草业科学，40（1）：25-36.

王丽娜，杨瑛，杜苏，2022. 生物炭施入对盐碱土壤影响的研究现状[J]. 中国农学通报，38（8）：81-87.

王荔，曾辉，张扬建，等，2019. 青藏高原土壤碳储量及其影响因素研究进展[J]. 生态学杂志，38（11）：3506-3515.

杨阳，刘良旭，童永平，等，2023. 黄土高原植被恢复过程中土壤碳储量及影响因素研究进展[J]. 地球环境学报，14（6）：649-662.

模型模拟篇

张婧婷，石浩，田汉勤，等，2022. 1981—2019年华北平原农田土壤有机碳储量的时空变化及影响机制[J]. 生态学报，42（23）：9560-9576.

Saikia P，Baruah K K，Bhattacharya S S，et al.，2019. Organic based integrated nutrient management scheme enhances soil carbon storage in rainfed rice（*Oryza sativa*）cultivation[J]. Soil Research，57（8）：894-907.

Terrer C，Phillips R P，Hungate B A，et al.，2021. A trade-off between plant and soil carbon storage under elevated CO_2[J]. Nature，591（7851）：599-603.

Islam M U，Guo Z C，Jiang F H，et al.，2022. Does straw return increase crop yield in the wheat-maize cropping system in China? A meta-analysis[J]. Fild Crops Research，Amsterdam，279：108447.

Verheijen F G A，Bellamy P H，Kibblewhite M G，et al.，2005. Organic carbon ranges in arable soils of England and Wales[J]. Soil Use and Management，21（1）：2-9.

Waqas M A，Li Y，Smith P，et al.，2020. The influence of nutrient management on soil organic carbon storage，crop production，and yield stability varies under different climates[J]. Journal of Cleaner Production，268：121922.

模
型
模
拟
篇